Ionische Flüssigkeiten als rezyklierbare Katalysatoren für die Umesterung

Bei der Fakultät für Maschinenbau

der Technischen Universität Carolo-Wilhelmina zu Braunschweig

zur Erlangung der Würde

eines Doktor-Ingenieurs (Dr.-Ing.)

eingereichte Dissertation

von: Dipl.-Chem. Jan C. Kuschnerow

aus: Soltau

Referenten: Herr Prof. Dr.-Ing. S. Scholl

Herr Prof. Dr. P. Wasserscheid

Vorsitzender: Herr Juniorprof. Dr. G. Garnweitner

Vorwort

Die vorliegende Arbeit ist während meiner Tätigkeit als wissenschaftlicher Mitarbeiter am Institut für Chemische und Thermische Verfahrenstechnik an der Technischen Universität Braunschweig entstanden.

Mein besonderer Dank gilt Herrn Prof. Dr.-Ing. S. Scholl für die Bereitstellung des Themas und den zahlreichen Anregungen und Impulsen während der Forschungsarbeiten. Herrn Prof. Dr. P. Wasserscheid danke ich für die Mitwirkung im Forschungsprojekt und für die Übernahme des Koreferates. Für die Übernahme des Prüfungsvorsitzes bedanke ich mich bei Herrn Juniorprof. Dr. G. Garnweitner.

Meinen Kollegen danke ich für das herausragende Arbeitsklima und die hervorragende Zusammenarbeit insbesondere in Schnittstellenthemen, die für diese Arbeit von besonderer Bedeutung sind. Weiterhin gilt mein Dank den Studenten, die im Rahmen von Abschlussarbeiten am Forschungsprojekt beteiligt waren.

Finanzielle Förderung der Deutschen Bundesstiftung Umwelt (DBU), der Max Buchner Forschungsstiftung, und der Gesellschaft Deutscher Chemiker (GDCh) ermöglichte die Durchführung Forschungsarbeiten und Reisen zu Tagungen und Konferenzen.

Den kreativen jungen Verfahrensingenieuren („kjVIs“), der Experimental Raumfahrt – InteressenGemeinschaft e. V. (ERIG), dem Kompetenznetzwerk Pro3 Verfahrenstechnik, der IdeenExpo GmbH, der Gesellschaft Deutscher Chemiker e. V. und der DECHEMA Gesellschaft für Verfahrenstechnik und Biotechnologie e. V. verdanke ich eine wertvolle Bereicherung meiner Doktorandenzeit auf den Gebieten Weiterbildung und ehrenamtliche Aktivitäten.

Meinen Eltern danke ich, dass sie mir ein Studium und den Werdegang ermöglichten.

Braunschweig, 11.10.2012

Jan C. Kuschnerow

Jan C. Kuschnerow

Inhaltsverzeichnis

Kurzfassung

In dieser Arbeit wurde die Eignung saurer ionischer Flüssigkeiten als Katalysatoren für die Umesterung untersucht. Die Umesterung ist eine Schlüsselreaktion in der chemischen Produktion, unter anderem für technische Lösungsmittel, Kunststoffe und Biokraftstoff.

Industrielle Standardkatalysatoren für Umesterungsreaktionen sind derzeit Alkalilaugen und Alkoholate für den basischen Reaktionsweg. Der bisher leistungsfähigste acide Umesterungskatalysator ist Schwefelsäure. Der basische Reaktionsweg ist empfindlich gegenüber Verunreinigungen wie z. B. Wasser in der Reaktionsmischung. Es kann in dem Fall zu irreversiblen Nebenreaktionen kommen. Der für den sauren Reaktionsweg verwendete Schwefelsäure ist extrem korrosiv. Zudem müssen Alkalilaugen, Schwefelsäure und Alkoholate nach der Reaktion neutralisiert und irreversibel ausgeschleust werden. Dadurch wird Abfall erzeugt und Neutralisationsmittel verbraucht.

In diesen Forschungsarbeiten wurde gezeigt, dass sulfonsäurefunktionalisierte ionische Flüssigkeiten die Umesterungsreaktion katalysieren. Die katalytischen Leistungen der basischen Katalysatoren werden nahezu erreicht, die der Schwefelsäure übertroffen.

Die IL katalysierte Umesterung wurde sowohl im Labor- als auch in Miniplantmaßstab, sowohl diskontinuierlich als kontinuierlich durchgeführt. Die Versuche in Miniplantmaßstab wurden in einem Reaktor mit außen liegendem Naturumlaufverdampfer durchgeführt, der aufgrund seiner Geometrie und Mischungseigenschaften repräsentativ für technische Großanlagen ist.

Weiterhin hat sich der IL-Katalysator als rezyklierfähig herausgestellt. Der Katalysator hatte nach 1000 Stunden unter Betriebsbedingungen noch die ursprüngliche Leistung, was ca. 500 Verwendungszyklen entspricht.

Ökologische Bewertungen haben gezeigt, dass das IL katalysierte Verfahren nach etwa 150 Verwendungszyklen weniger Energie erfordert als das schwefelsäurekatalysierte Vergleichsverfahren. Zudem ergibt sich eine erhebliche Abfallersparnis.

Abstract

This work presents the investigation of the suitability of ionic liquids as catalysts for the transesterification. The transesterification is a key reaction in chemical production e. g. solvents, biofuel or materials.

Until now, industrially applied catalysts for transesterification are basic catalysts like alkali hydroxides or alcoholates. The acid catalyst with the best performance is the sulfuric acid. The basic pathway of the transesterification can be disturbed by impurities like water. In this case, irreversible side reactions can occur. The acid reaction pathway requires sulfuric acid as catalyst which is extremely corrosive. Alkali acids, alcoholates and sulfuric acid have to be neutralized and washed out of the reaction mixture irreversibly. That leads to the production of waste and the continuous consumption of neutralizing agent.

It has been shown in these research activities that ionic liquids which are functionalized with a sulfonic acid group are able to catalyze the transesterification. Their catalytic performance is better than that of sulfuric acid and even close to that of basic catalysts.

The IL catalyzed transesterification has been successfully performed in laboratory scale as well as in miniplant scale discontinuously as well as continuously. The reaction experiments in miniplant scale have been operated in a miniplant reactor with an external thermosyphon reboiler. Due to its geometry and fluid dynamic properties this reactor delivers results which are representative for industrial scale processes.

Furthermore, the IL catalyst is recyclable by evaporation of the reaction mixture. The catalyst has shown a catalytic performance which is close to that of the fresh IL after 1000 hours of operating conditions. This figure equals 500 cycles of reaction and recycle.

Ecobalance analysis investigations could show that the IL catalyzed process requires less energy than the sulfuric acid catalyzed benchmark process after 150 cycles of reaction and recovery. In addition to that, remarkable quantities of waste can be avoided.

Symbol- und Abkürzungsverzeichnis

Abkürzungen:

BASIL™	Biphasic Acid Scavenging Utilizing Ionic Liquids, erstes industriell angewandtes Verfahren mit Beteiligung ionischer Flüssigkeiten der BASF SE, Ludwigshafen
BEIM	1-Butyl-3-ethylimidazolium (Kation)
BIMBS	1-Butyl-3-butylsulfonsäureimidazolium (Kation)
BMIM	1-Butyl-3-methylimidazolium (Kation)
BuAc	Essigsäurebutylester, Butylacetat
BuOH	1-Butanol
CAPE	Computer Aided Process Engineering
CAS	Chemical Abstracts Service Registrierungsnummer für Stoffe
DBU	Deutsche Bundesstiftung Umwelt
DIN	Deutsches Institut für Normung
EHS	Environment-Health-Safety, Bewertungsmodell nach Heinzle
EMIM	1-Ethyl-3-methylimidazolium (Kation)
EN	Europäische Norm
EtAc	Essigsäureethylester, Ethylacetat
EtOH	Ethanol
FID	Flammenionisationsdetektor
HAc	Essigsäure
IL	ionische Füssigkeit, ionic liquid
IR	Infrarotspektroskopie
ISO	Internationale Organisation für Normierung, International Organization for Standartization
jato	Tonnen pro Jahr

KEA	Kumulierter Energieaufwand
LCA	Life Cycle Assessment
LCIA	Life Cycle Impact Assessment
MeOAc	Essigsäuremethylester, Methylacetat
MeOH	Methanol
$MeSO_3$	Methylsulfonat (Anion)
MIM	Methylimidazol
MIMBS	1-Methyl-3-butylsulfonsäureimidazolium (Kation)
MS	Massenspektroskopie
MSR	Mess-, Steuer- und Regelausrüstung
MTBE	Methyl-*tert*-butylether
NMR	Kernresonanzspektroskopie
OMIM	1-Octyl-methylimidazolium (Kation)
PET	Polyethylenterephtalat
RMIM	1-(Alkylrest)-3-methylimidazolium (Kation)
RTIL	bei Raumtemperatur flüssige IL, room temperature ionic liquid
SC	Überkritisch, supercritical
SILP	Supported Ionic Liquid Phase
UBZ	Umweltbewertungzahl
UN	Stoffnummer, Kennnummer für Gefahrstoffe
VDI	Verein Deutscher Ingenieure

Größen und Formelzeichen:

A,B,C,D	Variablen für Edukte und Produkte
A	Fläche; m^2
A	Frequenzfaktor nach Arrhenius
A_q	freie Querschnittsfläche; m^2
c	Konzentration; mol L^{-1}
c_0	Konzentration zu Beginn; mol L^{-1}
c_{Kat}	Katalysatoranteil; mol-%
d_i	Innendurchmesser; mm
d_a	Außendurchmesser; mm
E_A	Aktivierungsenergie; J mol^{-1}
e	Eulersche Zahl
Δh_v	Verdampfungsenthalpie; J g^{-1}
k	Reaktionsgeschwindigkeitskonstante; mol L^{-1} s^{-1}
l	Länge; mm
M	Molmasse; g mol^{-1}
m	Masse; kg, g
$\dot{m}$	Massenstrom; kg min^{-1}, kg h^{-1}
$\dot{n}$	Stoffmengenstrom; mol min^{-1}
p	Druck; bar
pK_s	Säurestärke
$\dot{Q}$	Energiestrom; J s^{-1}
$\dot{q}$	Wärmestromdichte; kW m^{-2}
R	Allgemeine Gaskonstante; J mol^{-1} K^{-1}
r	Reaktionsgeschwindigkeit; mol min^{-1}

Re	Reynoldszahl, -
s	Materialstärke; mm
T	Temperatur; °C, K
t	Zeit; s, min, h
V	Volumen; L
$\dot{V}$	Volumenstrom; L h^{-1}, m^3 h^{-1}
w_{VR}	Mittlere Strömungsgeschwindigkeit im Verdampferrohr; m s^{-1}
x	Molanteil; mol mol^{-1}
η	Viskosität; m Pas
$\bar{\tau}$	Mittlere Verweilzeit; min

1. Stand des Wissens

1.1 Ionische Flüssigkeiten [41, 124, 136, 144, 148]

Abbildung 1-1: Die IL EMIM – HSO_4 im Vergleich mit Natriumchlorid.

Definition und Relevanz

Ionische Flüssigkeiten oder ionische Fluide (=IL für *„ionic liquid"*) sind im Allgemeinen ionische Substanzen (Salze), die bei Temperaturen von weniger als 100°C flüssig sind. Klassische Salzschmelzen, wie z.B. Natriumchlorid (Schmelztemperatur: 803 °C) gehören nicht dazu. Diese besondere physikalische Eigenschaft erhalten sie dadurch, dass die ionischen Zentren im Gegensatz zu Salzen im klassischen Sinne (z.B. Natriumchlorid, Calciumcarbonat etc.) durch organische Reste sterisch abgeschirmt sind, siehe Abbildungen 1-3 und 1-4. Dadurch werden die gegensätzlichen Ladungen so weit voneinander entfernt, dass sie durch Coulomb-Kräfte keine feste Phase mehr ausbilden können. Ionische Flüssigkeiten können bei Raumtemperatur in fester und flüssiger Phase vorliegen, aber auch flüssigkristalline Eigenschaften haben [22].

Seit Mitte der 1990er Jahre wächst das Interesse an den vielfältigen Anwendungsmöglichkeiten zunächst in der universitären aber auch bereits der industriellen Forschung schnell an. In den „Nachrichten aus der Chemie“, herausgegeben von der Gesellschaft Deutscher Chemiker, waren ionische Flüssigkeiten Gegenstand im „Trendbericht Technische Chemie 2000“ [41]. Im Jahr 2009 wurde erstmalig von Strassner (TU Dresden) innerhalb der Fachcommunity eine Trendumfrage zur Entwicklung des Forschungs- und Anwendungsgebietes ionische Flüssigkeiten durchgeführt [124]. Abbildung 1-2 zeigt die Anzahl der mit dem Stichwort „ionic liquids“ erschienenen Publikationen für die Jahre 1990 bis 2012. Die Werte wurden der Internetplattform „Scopus“ entnommen. Der Suchbegriff „ionic liquids“ wurde mit den Einstellungen „Article, Title, Abstract, Keywords“ und „All Documents“ verwendet. Mit dem BASIL Verfahren kam bei der BASF SE (Ludwigshafen) das erste industrielle Verfahren mit einer ionischen Flüssigkeit zur Anwendung [90].

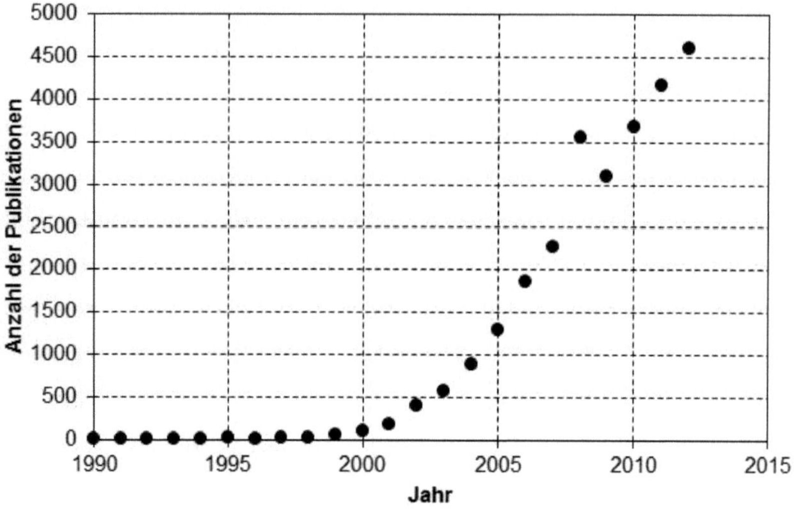

Abbildung 1-2: Entwicklung der Anzahl der Publikationen mit dem Schlagwort Ionic Liquids / Ionische Flüssigkeiten.

Es gibt eine breite Palette verschiedener Anionen aber auch Kationen und somit auch verschiedener ionischer Flüssigkeiten. Abbildungen 1-3 und 1-4 zeigen die gängigsten Anionen und Kationen ionischer Flüssigkeiten [61]. Es wird geschätzt, dass es etwa 10^{18} verschiedene Kombinationsmöglichkeiten verschiedener Anionen und Kationen gibt [145]. Gängig sind Imidazolium-, Pyridinium-, Ammonium- oder Phosphonium-Kationen sowie Halogenid-, aber auch Tetrafluoroborat- und ähnliche komplexe Anionen, siehe Abbildungen 1-2 und 1-3.

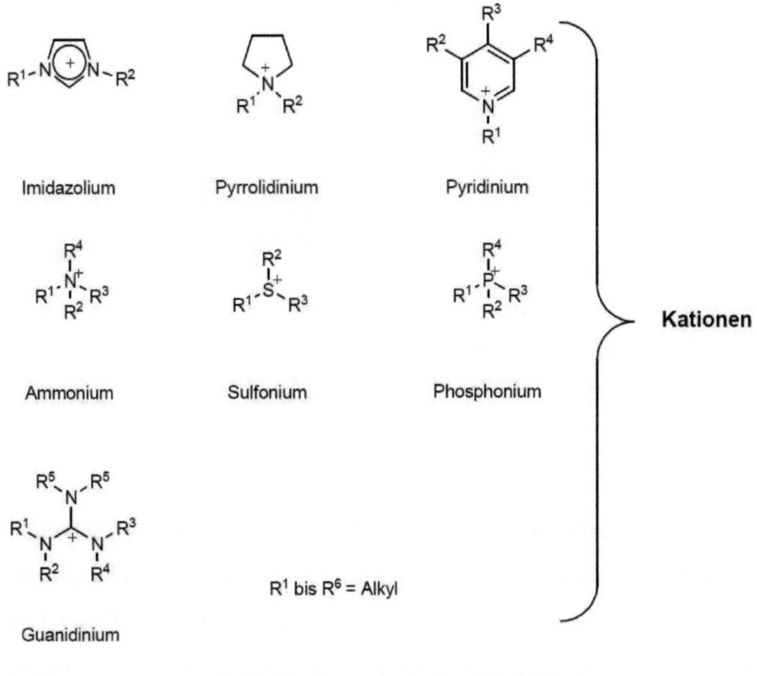

Abbildung 1-3: Typische Kationen ionischer Flüssigkeiten.

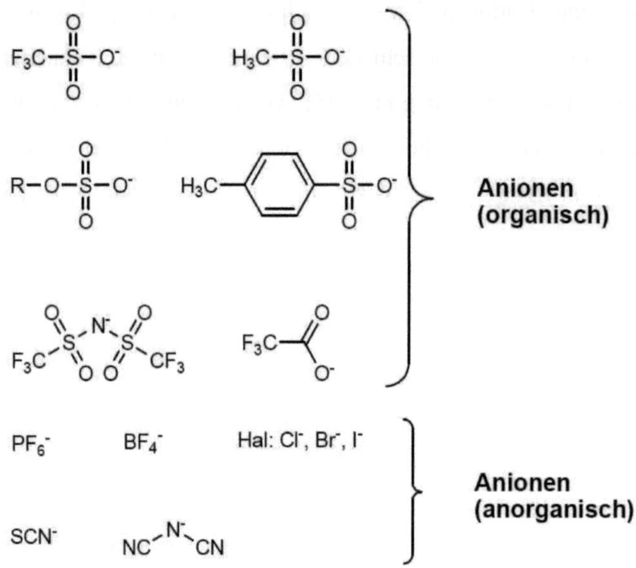

Abbildung 1-4: Typische Anionen ionischer Flüssigkeiten.

Physikalische Eigenschaften

Die Besonderheit, dass ionische Flüssigkeiten ausschließlich aus Ionen bestehen, findet sich in den physikalischen Eigenschaften wieder. Über den gesamten Flüssigkeitsbereich bis hin zum Zersetzungspunkt weisen ionische Flüssigkeiten einen technisch irrelevant niedrigen Dampfdruck auf. Dieser lässt sich mit dem Dampfdruck flüssiger Metalle vergleichen [3, 12]. Die meisten ionischen Flüssigkeiten sind wegen des technisch irrelevanten Dampfdruckes nicht brennbar. Aufgrund der ausgeprägt ionischen Struktur sind diese Substanzen leitfähig. Die Viskositäten liegen zwischen 10 und 40000 mPa s [145] (Vergleich Wasser: 1 mPa s, Glycerin: 1400 mPa s bei 20°C) [132] und die Dichten zwischen 1000 kg m^{-3} und 1500 kg m^{-3} [145]. Die Wärmekapazität liegt bei etwa einem bis zwei Drittel von der von Wasser (4,18 J K^{-1} g^{-1}) [98, 132]. Weitere chemische und physikalische Eigenschaften ionischer Flüssigkeiten sind in themenspezifischen Arbeiten zu Reaktivität [7], Leitfähigkeit [128], Grenzflächenspannung und Diffusion [134] beschrieben. Eine umfassende Darstellung findet sich in [145].

Synthese und Analytik

Die meisten Synthesen ionischer Flüssigkeiten beginnen mit der Quarternisierung eines Amins, siehe Abbildung 1-5. Detaillierte Informationen zur Synthese ionischer Flüssigkeiten können dem Buch „Ionic Liquids in Synthesis“ [145] und weiteren Beiträgen [52, 61, 63, 102] entnommen werden. Die Synthese der in dieser Arbeit verwendeten IL-Katalysatoren wurden analog zu Cole et al. [23] und Himmler [62] durchgeführt.

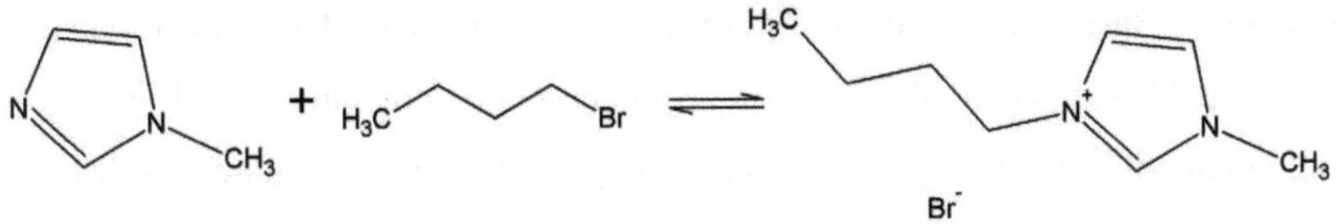

Abbildung 1-5: Synthese von [BMIM][Br] mittels Quarternisierung.

Für die qualitative Analytik ionischer Flüssigkeiten eignet sich neben den üblichen Methoden NMR, IR oder MS vor allem die Ionenchromatographie, siehe Weckesser und König [141, 142].

Anwendungen ionischer Flüssigkeiten

Aufgrund der einstellbaren physikalischen und chemischen Eigenschaften bieten sich potentiell zahlreiche Anwendungsmöglichkeiten für ionische Flüssigkeiten. Bisher ist das bei der BASF SE im Jahr 2002 entwickelte BASIL Verfahren das einzige Verfahren, in dem eine IL involviert ist [90]. Die Eignung ionischer Flüssigkeiten als Lösungsmittel für die elektrochemische Abscheidung von Metallen wurde von Endres beschrieben [37]. Weitere Verwendungsmöglichkeiten finden sie als Extraktionsmittel [21, 145], wobei die Löslichkeitseigenschaften genutzt werden. Die einstellbare Viskosität der ionischen Flüssigkeiten erlaubt die Anwendung als Schmiermittel („Engineering Fluids“). Zudem können ionische Flüssigkeiten als Wärmeträger, in Wärmespeichern und -übertragern genutzt werden. Nachteilig ist in z.B. einer Wärmepumpe, dass die Viskosität verglichen mit Wasser relativ hoch ist, das Pumpen demnach eine höhere Energie erfordert und die Wärmekapazität nur etwa einem Drittel bis der Hälfte der von Wasser entspricht. IL können jedoch in einem breiteren Temperaturbereich eingesetzt werden (bis zu 370 °C). Erste Arbeiten widmen sich pharmazeutischen Anwendungen. IL können als Wirkstoff, Lösungsmittel und Hilfsstoff bei der Synthese dienen [112].

Katalyse

Die Säure-Base-Eigenschaften [39, 152] und das Löslichkeitsverhalten machen ionische Flüssigkeiten als Katalysator interessant, zum einen als Ligand in organometallischen katalytisch aktiven Komplexen, zum anderen auch selbst als katalytisch aktiver Stoff. Ionische Flüssigkeiten dienen als Cokatalysator, z.B. bei der Ethenoligomerisierung mit Nickelkatalysator, der durch kationische Einflüsse aktiviert wird [144]. Die Anwendungsmöglichkeiten für ionische Flüssigkeiten in der Katalyse und als Lösungsmittel gehören zu den meistuntersuchten Themen. Untersuchungen zur Eignung ionischer Flüssigkeiten in katalytischen Anwendung finden sich in [17, 32, 50, 66, 105, 140, 143, 150, 156], zur Zweiphasenkatalyse in [137], zu Bioprozessen in [24] und zu asymmetrischer Katalyse in [89]. Für gasförmige Prozesse ist das SILP Konzept geeignet, in dem ionische Flüssigkeiten auf poröse Trägermaterialien aufgebracht werden [94]. Für Reaktionen in der Flüssigphase ist das Konzept ungeeignet, da die IL ausgewaschen würde. Die der Umesterung ähnliche Veresterung wurde zuerst von Korth mit sauren IL Katalysatoren untersucht [77]. Rezyklierte ionische Flüssigkeiten wurden bereits für verschiedene organische Reaktionen eingesetzt, zum Beispiel für Hydroformylierungen [116], Carbonylisierungen [97], selektive Hydrierungen [116] oder Oligomerisierungen

[139]. Ferner können IL als Hilfsmittel zum Katalysatorrecycling dienen, so zum Beispiel zur Wiederherstellung des Friedel-Crafts Katalysators Aluminiumchlorid. Das Katalysatorrecycling erfolgte in diesen Fällen mittels Destillation [26] oder Nanofiltration [38]. Zudem wurden IL als Polymer [86] oder SILP [26] immobilisiert, um die IL mehrfach, bzw. länger zu verwenden. In all diesen Studien konnten zwischen drei und sechs Verwendungszyklen realisiert werden [83, 86, 97, 158].

Der Einsatz ionischer Flüssigkeiten als Katalysator speziell für kontinuierlich betriebene Reaktionen wurde bisher hauptsächlich für Gasphasenreaktionen an SILP Systemen zum Beispiel am Beispiel der Hydroformylierung [54] und der Hydroaminomethylierung [108] untersucht. Ferner gibt es Arbeiten zum Thema Zweiphasenkatalyse, zum Beispiel der Friedel Crafts Acylierung [99]. Eine Übersicht über die Möglichkeiten des Einsatzes ionischer Flüssigkeiten als Katalysator in kontinuierlich betriebenen Reaktionen wurde von Wasserscheid [138] verfasst.

Recycling ionischer Flüssigkeiten

Weiterhin besteht ein hohes Interesse sowohl an den Recyclingmethoden für homogene Katalysatoren [8], also auch für ionische Flüssigkeiten, als auch in ihrer einfachen Entsorgung. Der Preis für ein Kilogramm einer ionischen Flüssigkeit liegt in dreistelliger Größenordnung. Ein einzeln bestelltes Kilogram ECOENG® 212 kostet beispielsweise 153 €. Bei Bestellungen im Multitonnenmaßstab reduziert sich der Preis auf 20 – 40 €/kg (Stand 2008) [145]. Es wird daran gearbeitet, ionische Flüssigkeiten biologisch abbauen zu können. So wird versucht, Mikroben darauf zu konditionieren, Heterocyclen zu zersetzen, die häufig wesentliche molekulare Bestandteile ionischer Flüssigkeiten sind [151]. Magnetische ionische Flüssigkeiten sind bekannt [56, 82] und könnten mit Elektromagneten aus einem Stoffsystem entfernt werden. Diese sind in der Regel schwermetallhaltig und demnach umweltbedenklich. IL, die bei Raumtemperatur fest sind, können durch Umkristallisieren gereinigt werden [145]. Eine chemische Methode ist das reaktive Recycling. Die zu rezyklierende IL wird entweder in basischem Medium in ein destillierbares Carben überführt oder mittels Rückreaktion dessen Synthese in die Edukte aus denen die IL hergestellt wurde. In beiden Fällen sind die resultierenden Stoffe destillierbar. Anschließend lässt sich aus den reinen Edukten die IL wieder herstellen [145].

Die am besten funktionierende Methode, die verwendete ionische Flüssigkeit aus flüssigen Mischungen abzutrennen, ist die destillative Abtrennung der anderen Komponenten. Wellner hat Untersuchungen zur möglichst effizienten und produktschonenden Entwässerung ionischer Flüssigkeiten in einem Fallfilmverdampfer durchgeführt [146]. In der vorliegenden Arbeit wird die destillative Entfernung der Reaktionspartner als Recyclingmethode angewandt.

1.2 Die Umesterungsreaktion

1.2.1 Ester – Vorkommen, Herstellung und Anwendung

Vorkommen und Verwendung

Organische Ester, mit der allgemeinen Formel R-(C=O)-OR‘, zählen zu den wichtigsten Carbonsäurederivaten und kommen in der Natur sowie in der industriellen Praxis häufig vor. Natürlich vorkommende Ester sind Bestandteil zahlreicher Fruchtaromen und Geruchsstoffe, wie z.B. Pheromone. Als Wachse auf Pflanzenblättern, Früchten, auf der Haut sowie im Fell von Tieren fungieren sie als hydrophobe, isolierende Schutzschichten. Öle und Fette, d.h. Triglyceride, sind ebenfalls bedeutsame Ester und dienen als biologische Energiereserven. Technisch werden Esterverbindungen als Lösungsmittel in der Synthese und in der Lackindustrie, als Reinigungsflüssigkeit sowie als Weichmacher für spröde Polymere in Polsterungen oder flexiblen Rohrleitungen verwendet [133]. Polyester sind als Kunstfasern in der Textilindustrie oder als Kunststoff in der Getränkeverpackung (Polyethylenterephthalat, PET) [9] sowie als Bestandteil von Folien relevant [77]. Ein weiteres bekanntes Anwendungsgebiet ist Biodiesel, der durch die Umesterung von pflanzlichen und tierischen Fetten mit Methanol gebildet wird [1, 2, 31, 47, 58, 93, 118]. Sowohl bei der Verwendung von Agrarrohstoffen, wie Pflanzenölen, als auch von Abfallstoffen, wie Altfetten, spielt die Umesterung mit basischen und sauren Katalysatoren eine zentrale Rolle [35, 36, 115].

Herstellung

Obwohl die Synthese organischer Ester über verschiedene Synthesewege erfolgen kann, ist die klassische Syntheseroute die säurekatalysierte Veresterungsreaktion einer Carbonsäure mit einem Alkohol [77]. Als Nebenprodukt entsteht Wasser. Diese Reaktion ist schwach exotherm und reversibel, nach der Reaktionszeit ergibt sich eine Mischung aus Produkten und Edukten.

Eine weitere Möglichkeit zur Synthese von Estern ist die Umesterung eines vorhandenen Esters mit einem Alkohol. Bei der Umesterung wird die Alkylgruppe an der Ethergruppe eines Esters durch eine andere Alkylgruppe ersetzt. Die Reaktion mit einem Alkohol (Alkoholyse) ist die am häufigsten angewandte Umesterung. Es handelt sich dabei um die reversible Überführung eines Esters in einen anderen ohne dabei eine freie Säure zu bilden.

1.2.2 Die Umesterungsreaktion und deren Katalysatoren

Definition und Eigenschaften der Reaktion

Eine Umesterung ist die Reaktion eines Alkoholes mit einem Ester zu einem weiteren Alkohol und einem weiteren Ester, wobei eine Alkylgruppe getauscht wird. Es gibt einen säure- und einen basenkatalysierten Reaktionsweg, die beiden zu den gleichen Produkten führen [133]. Die Umesterungsreaktion hat eine Reaktionenthalpie von nahezu Null, ist also weder endotherm noch exotherm. Die Gleichgewichtskonstante dieser Reaktion liegt nahe Eins, das heißt eine äquimolare Mischung eines Alkoholes mit einem Ester reagiert zu einer äquimolaren Mischung aus zwei Estern und zwei Alkoholen. Diese thermodynamischen Eigenschaften gelten sowohl für den basischen als auch für den sauren Reaktionsmechanismus. Basische Katalysatoren, wie Natriumhydroxid (NaOH), Kaliumhydroxid (KOH) und Alkoholate, stellen aufgrund ihrer Kosteneffizienz und ihrer hohen katalytischen Leistung bei gleichzeitig milden Temperaturen die am häufigsten industriell verwendeten basischen Katalysatoren dar [59, 118].

Reaktionsmechanismen

Der basisch katalysierte Reaktionsmechanismus ist in Abbildung 1-6 am Beispiel der Umesterung von Triglyceriden bei der Biodieselsynthese dargestellt.

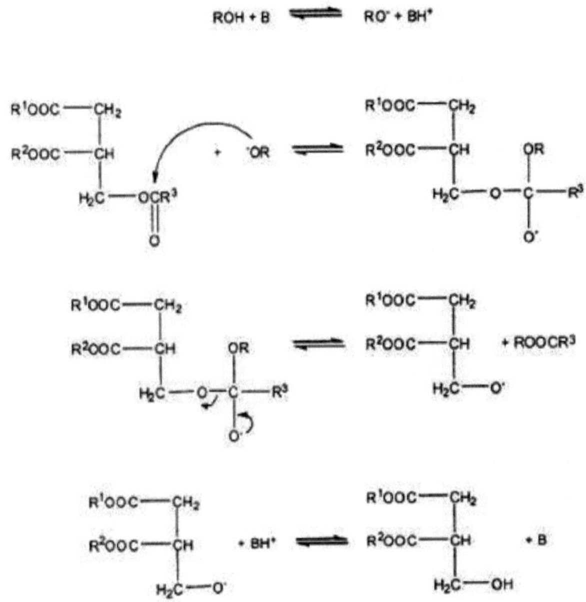

Abbildung 1-6: Basisch katalysierter Reaktionsmechanismus der Umesterung.

Bei der basenkatalysierten Umesterung wird zunächst der Alkohol deprotoniert und daraufhin das Alkoxidion an die Carbonylgruppe des Esters addiert. Bei der säurekatalysierten Umesterung wird hingegen zunächst das Carbonyl-Sauerstoffatom protoniert, um einen nukleophilen Angriff des Alkohols auf das Carbonyl-Kohlenstoffatom zu ermöglichen [133]. Der säurekatalysierte Reaktionsmechanismus ist in Abbildung 1-7 ebenfalls am Beispiel der Umesterung von Triglyceriden dargestellt.

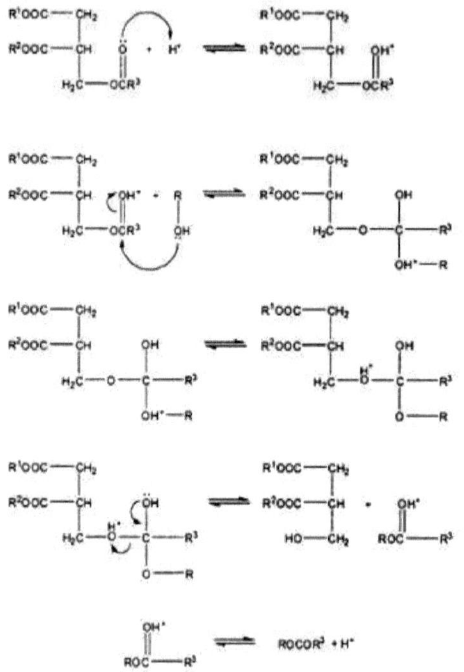

Abbildung 1-7: Saurer Reaktionsmechanismus der Umesterung.

Häufig verwendete Säuren sind Salzsäure (HCl), Schwefelsäure (H_2SO_4), Phosphorsäure (H_3PO_4) oder organische Säuren, wie z.B. Sulfonsäuren (R-SO_3H). Säurekatalysierte Umesterungsreaktionen sind im Vergleich zur basenkatalysierten Umesterung erheblich langsamer. Ein allgemeiner Vorteil der sauren Katalysatoren ist jedoch das Ausbleiben von irreversiblen Verseifungsreaktionen, die auftreten können, wenn Wasser im basischen Milieu vorliegt. Wasser ist in vielen Edukten technischen Reinheitsgrades in Spuren enthalten. Sowohl die bisher vorgestellten basischen, als auch die sauren Katalysatoren müssen nach der Reaktion neutralisiert und irreversibel ausgeschleust werden [53].

Eine weitere Möglichkeit zur Umesterung ist die Verwendung von Enzymen, der Lipasen, bei moderaten Reaktionsbedingungen. Nachteile liegen in den generell niedrigen Reaktionsraten und Umsätzen und den hohen Kosten für den Katalysator [93, 118].

Die Verwendung von überkritischem (engl. *supercritical*, SC) Alkohol zur Beschleunigung von Veresterungs- und Umesterungsreaktionen ist ebenfalls Gegenstand der Forschung. Für die Gleichgewichtseinstellung der Umesterung mit SC-Alkohol werden nur wenige Minuten benötigt [58, 80].

Bei der heterogen katalysierten Umesterung werden meist saure Katalysatoren wie saure Zeolithe, saure Ionenaustauscherharze oder Übergangsmetalloxide verwendet. Die Aktivität und Selektivität dieser Katalysatoren werden durch die Porengröße und Oberfläche des Substrats sowie durch die Anzahl bzw. Dichte der sauren Zentren bestimmt [73, 74]. Ionenaustauscherharze weisen eine starke Acidität, jedoch eine geringe thermische Beständigkeit auf, so dass sich Reaktionen, die ein höheres Temperaturniveau erfordern, als problematisch gestalten können [74]. Eine weitere, etablierte Möglichkeit ist der Einsatz von Alkoholaten und Acetaten von Übergangsmetallen. Sie weisen eine hohe Aktivität und Selektivität auf und sind darüber hinaus thermisch beständig [74, 77]. Eine Alternative bietet der Einsatz ionischer Flüssigkeiten. Ionische Flüssigkeiten haben sich für Veresterungen bereits als Katalysator bewährt [77, 149, 157]. Erste Arbeiten existieren für die Anwendung ionischer Flüssigkeiten in der Biodieselsynthese [31, 33, 81, 91, 117].

Abbildung 1-8 zeigt die in dieser Arbeit verwendete Modellreaktion. Es wurde Butanol mit Ethylacetat zu Ethanol und Butylacetat umgeestert. Diese Reaktion ist eine bereits literaturbekannte kinetisch und thermodynamisch untersuchte Umesterung. Zudem ist diese Reaktion anwendungsrelevant, da das Produkt Butylacetat als Lösungsmittel verwendet wird. Detailliertere Untersuchungen der Reaktionskinetik dieser Reaktion wurden von Schmidt et al. [107] und einer analogen Reaktion von Tucek [129] vorgenommen. Die analoge industrierelevante Umesterung von Butanol mit Methylacetat wurde von Gmehling et. al. [16] untersucht. In der Tabelle 1-1 sind die Edukte und Produkte der Modellreaktion mit allen für die Stoff- und Energiebilanzierung relevanten Daten aufgeführt [132].

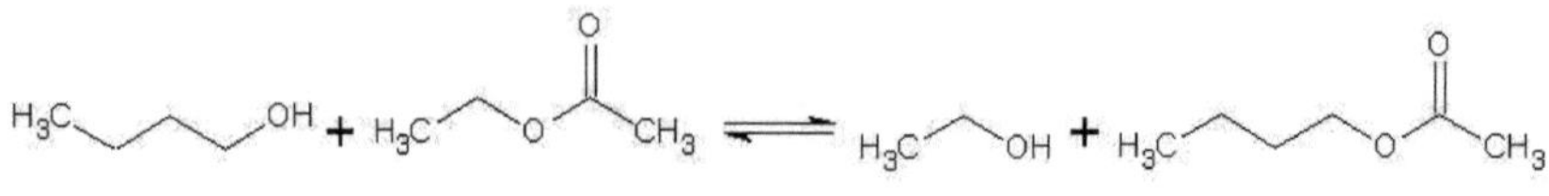

Abbildung 1-8: Untersuchte Modellreaktion. Umesterung von Butanol und Ethylacetat.

Tabelle 1-1: Stoffdaten der Reaktanden der untersuchten Modellreaktion bei Umgebungsbedingungen (20 °C, 1 bar).

	Dichte [g ml^{-1}]	Molmasse [g mol^{-1}]	Siedepunkt [°C]	Wärme-kapazität [J g^{-1} K^{-1}]	Verdampfungs-enthalpie [J g^{-1}]
Ethanol	0,785	46,07	78	3,304	799,5
Ethylacetat	0,9	88,11	77	2,021	346,3
Butanol	0,81	74,1	118	3,223	610,7
Butylacetat	0,88	116,16	127	2,321	324,7

1.3 Integration von Reaktion und destillativer Stofftrennung

Zur Effizienzsteigerung chemischer Prozesse steht eine Reihe von Möglichkeiten hybrider Verfahren zur Verfügung. Eine Möglichkeit ist die Reaktivdestillation. Zum Thema Integration von Reaktion und Stofftrennung sowie Reaktivdestillation existieren zahlreiche Forschungsarbeiten und aktuelle Publikationen [25, 43, 65, 69, 70, 72, 104, 122, 123, 127].

Durch die apparative und zeitliche Vereinigung (Abbildung 1-9) der beiden Prozessschritte bietet sich eine ganze Reihe von Vorteilen, wie Synergieeffekten bei Apparate- und Betriebskosten, der Möglichkeit reaktionsintegrierter Stoffabtrennung und in bestimmten Fällen der Umgehung von Azeotropen [125].

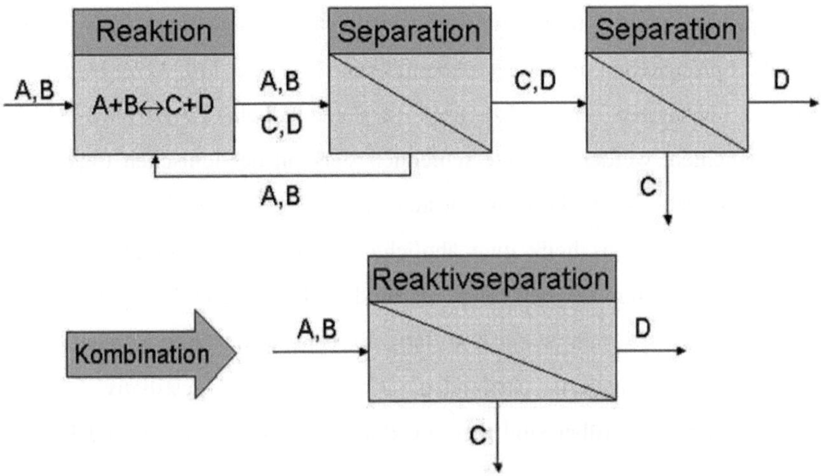

Abbildung 1-9: Schema der Integration von Reaktion und Stofftrennung [125].

Zum Thema der industriellen Anwendung der Reaktivdestillation sind folgende Publikationen von Sundmacher [125] und Hiwale [64] interessant. Jedoch müssen die physikalischen Eigenschaften der beteiligten Stoffe eine Reaktivdestillation auch zulassen. So ist sie besonders geeignet, wenn ein Produkt einen deutlich niedrigeren Siedepunkt als die restlichen Stoffe aufweist. Zudem muss die Reaktionstemperatur auch in etwa diesem Siedepunkt entsprechen. Je geringer die Siedepunktsunterschiede zwischen gewünschten und nicht gewünschten Stoffen sind, desto schwieriger ist die Trennung. Es muss dann zur Rektifikation mit mehreren Trennstufen oder einem hohen Rücklaufverhältnis übergegangen werden.

Reaktivdestillation ist zudem eine für Ver- und Umesterungen intensiv untersuchte Methode [14, 120, 121, 136]. Zumeist kommen Heterogenkatalysatoren wie Ionentauscher zum Einsatz. Die in dieser Arbeit untersuchte Modellreaktion ist von Wang [135] in einer Reaktivdestillation betrachtet worden. In den Arbeiten von Arce [4] und Mainkar [92] sind Dampf-Flüssigphasen- sowie Flüssig-Flüssigphasengleichgewichte untersucht worden.
Ionische Flüssigkeiten eignen sich ebenfalls als Entrainer [40, 113]. Haben die beiden Substanzen im Azeotrop unterschiedliche Polaritäten oder Ladungsdichten, werden sie unterschiedlich stark an der ionischen Flüssigkeit koordiniert. Dabei sollte die IL am besten an eine der Substanzen besonders gut angepasst werden, das heißt eine ähnliche Polarität oder Ladungsdichte wie diese aufweisen, um sie bevorzugt zu binden. Die zweite Komponente des Gemisches lässt sich nun besser destillativ abtrennen. Am Ende ist auch die IL aufgrund ihres nahezu fehlenden Dampfdruckes destillativ wieder zurückgewinnen. Hierüber sind mehrere Publikationen erschienen und Patente angemeldet [5, 10, 11, 84, 111, 154].

1.4 Ökobilanzierung

1.4.1. Grundlagen der Ökobilanzierung

Eine Ökobilanz (Life Cycle Assessment, LCA) stellt ein Umweltprotokoll dar. Dabei können Produkte, Herstellungs- oder andere Verfahrensprozesse, eine Dienstleistung oder ein Produktionsstandort betrachtet werden. Mittels der Bilanz wird das vorhandene Wissen über deren Auswirkungen auf die Umwelt zusammengefasst. Eine Ökobilanzierung kann dazu beitragen, dass umweltfreundlichere Produkte entwickelt werden, aber auch dazu dienen, Potentiale aufzuzeigen, um Rohstoffe und Energie effizienter nutzen zu können [28, 29].

Es existieren drei Arten von Ökobilanzen: Produktökobilanz (Life Cycle Assessment, LCA), Betriebsökobilanz und die Prozessökobilanz [60], siehe Abbildung 1-10.

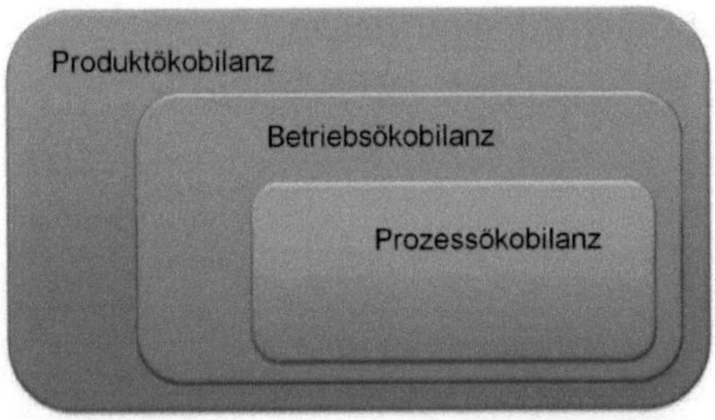

Abbildung 1-10: Arten der Ökobilanz

Die *Produktökobilanz* dient der Erfassung aller Umweltbelastungen eines Herstellungsguts, d.h. von der Rohstoffgewinnung über die Produktion bis hin zu seiner Beseitigung [60]. Diese Art der Bilanzierung wird bei Produkten und Dienstleistungen angewandt [119].

Periodenbezogene Vergleiche von Input- und Outputströmen und Energieformen kennzeichnen eine *Betriebsökobilanz* [60]. Dabei werden nur die Umweltbelastungen erfasst, die auf dem Betriebsgelände anfallen und jene die den Zulieferern zugeordnet sind. Unberücksichtigt bleiben Umweltbelastungen, die in der Nutzungsphase eines Produkts entstehen [28, 29].

Bei der *Prozessbilanz* findet eine Analyse der Input- und Outputflüsse für einzelne Produktionsverfahren statt [60]. Sie kann auch zum Vergleich alternativer Verfahren genutzt werden [119].

1.4.2. Aufbau einer Ökobilanz

Der Aufbau einer Ökobilanz wird in den international gültigen Normen ISO EN DIN 14040 und 14044 vorgegeben und besteht aus den folgenden vier Schritten, siehe Abbildung 1-11:

- Festlegung von Ziel und Untersuchungsrahmens,
- Sachbilanz,
- Wirkungsbilanz,
- Auswertung.

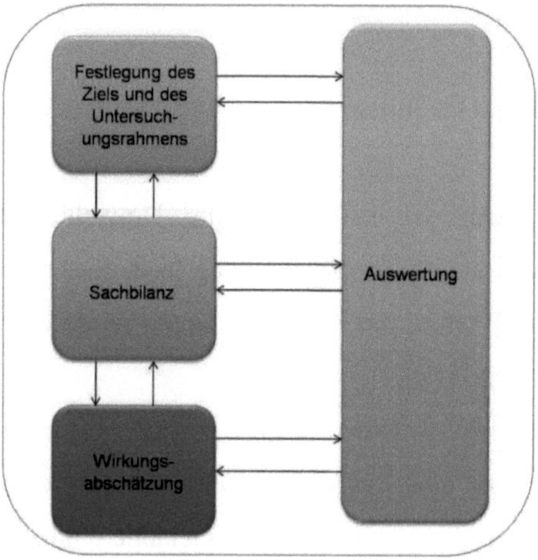

Abbildung 1-11: Phasen einer Ökobilanz

Die Zielfestlegung und das Abstecken des Untersuchungsrahmen, sowie die Auswertung stellen den Rahmen der Ökobilanz dar. Die Informationen über das Produktsystem liefern die beiden anderen Phasen [48].

Festlegung des Ziels und des Untersuchungsrahmens [29]

Zur Zieldefinition einer Ökobilanz gehören Aussagen zu der beabsichtigten Anwendung, die Gründe für die Studiendurchführung, die Zielgruppe und die Festlegung, ob die Ergebnisse für vergleichende Aussagen verwendet werden sollen. Außerdem wird der Untersuchungsrahmen der Studie festgelegt. Dieser umfasst die zur Verfügung stehenden Mittel, die Verfügbarkeit von notwendigen Daten und den zeitlichen Rahmen. Dabei muss der Nutzen der funktionellen Einheit, auf die sich die gesamten erhaltenen Ergebnisse beziehen, definiert werden.

Die funktionelle Einheit muss eindeutig dargelegt und messbar sein, da sie die Bezugsgröße darstellt, auf der alle Ergebnisse bezogen werden. Bei einem Vergleich von mehreren Produkten bzw. Prozessen oder Produktvarianten bzw. Prozessvarianten müssen die zu vergleichenden Systeme den gleichen Nutzen aufweisen [42]. Die Systemgrenzen legen fest, welche Abschnitte des Produktionssystems und welche Inputs bzw. Outputs in der Betrachtung einbezogen werden sollen.

Prozesse, die mit anderen Produktsystemen gemeinsam verwendet werden, müssen gekennzeichnet sein. Bei diesen Prozessen greift das Allokationsverfahren, dessen Funktion in der anteiligen Zuordnung der Inputs und Outputs zu den verschiedenen (Zwischen -) Produkten liegt. Ebenso ist die Anwendung bei Prozessen von Recyclingverfahren nötig [88]. Wichtig ist eine ausführliche, transparente und nachvollziehbare Dokumentation dieses Schrittes.

Sachbilanz [29]

Bei der Sachbilanz handelt es sich um das Kernstück der Ökobilanz. Das Ziel der Sachbilanz ist es, alle durch die Produktion, dem Konsum und der Entsorgung des Untersuchungsobjektes verursachten Stoff- und Energieaustauschbeziehungen zwischen menschlicher Technosphäre und der Natur darzustellen [147]. Eine Sachbilanz setzt sich aus den folgenden drei Hauptschritten zusammen: Vertikal-, Horizontalanalyse und die Stoff- und Energiebilanz.

Die Vertikalanalyse umfasst Bilanz- und Abschneidekriterien, Transport und Energie. Eine Beschreibung von Stoff- und Energieflüssen, sowie die Auswahl des Datenmaterials gehören zur Horizontalanalyse. Die Stoff- und Energiebilanz beinhaltet die Allokation und Aggregation [100].

In der Sachbilanz werden alle Input- und Outputflüsse des Produktsystems zusammengefasst, d.h. alle Ströme, die zugeführt bzw. von den Prozessen abgegeben werden. Dies erfolgt qualitativ und quantitativ, aber ohne Bewertung. Die ermittelten Daten dürfen unter den folgenden Hauptgruppen kategorisiert werden:

- Energieinputs, Rohstoffinputs, Betriebsstoffinputs, andere physikalische Inputs
- Produkte, Koppelprodukte und Abfall
- Emission in Luft, Wasser und Boden
- weitere Umweltaspekte

Bei den In- und Outputs handelt es sich in der Regel um Elementarflüsse. Elementarflüsse sind Stoffe oder Energien, die dem untersuchtem System aus der Umwelt zugeführt bzw. in die Umwelt abgegeben werden – ohne vorherige Behandlung in dem untersuchten Prozess [85]. Zu den Inputs gehören z.B. Energie (Strom, Benzin, etc.), Rohstoffe (Erdöl, Wasser, Metall, etc.) und Vorprodukte. Emissionen in Luft, Abwasser oder Boden gehören zu den Outputs, ebenso wie Stoffe, die bei der Entsorgung des Produktes und bei dessen Produktion und Nutzung anfallen.

Für die Weiterverfolgung von Flüssen bis zur Modellierung als Elementarfluss sind die drei Abschneidekriterien Masse, Energie und Umweltrelevanz zu beachten. Wenn nur eines dieser drei Kriterien als Grundlage für die anfängliche Identifizierung des Inputs dient, kann es passieren, dass wichtige Inputs in der Studie fehlen [28].

Nach Berechnung der Sachbilanz wird zur Verbesserung der Systemgrenze iterativ geprüft, ob zusätzliche Daten oder Module benötigt werden.

Gegebenenfalls müssen die im ersten Schritt gesteckten Systemgrenzen überarbeitet werden.
Die Sachbilanz dient als Grundlage für die Wirkungsabschätzung.

Wirkungsabschätzung [29]

Mit den komprimierten Daten der Sachbilanz erfolgt in der Wirkungsabschätzung die Ermittlung möglicher Umweltauswirkungen [85]. Dies wird durch die Zuordnung der Daten zu Wirkungskategorien umgesetzt [28, 29]:

- Treibhauseffekt
- Abbau des stratosphärischen Ozons (Stichwort: Ozonloch)
- Photochemische Oxidantienbildung (Stichwort: Sommersmog)
- Eutrophierung (Überdüngung in Gewässern und der Böden)
- Versauerung
- Beanspruchung fossiler Ressourcen (z.B. von Rohstoffen und fossilen Energieträgern)
- Naturraumbeanspruchung
- Direkte Gesundheitsschädigung (durch gesundheitsschädliche Stoffe oder Lärm)
- Direkte Schädigungen von Ökosystemen

Den Wirkungskategorien werden anschließend Wirkungsindikatoren zugeordnet und die Daten somit in eine gemeinsame Einheit umgerechnet. Zentrale Bedeutung kommt der Bewertung der Wichtigkeit der einzelnen Wirkungskategorien untereinander zu. Um vergleichende Aussagen treffen zu können, müssen die unterschiedlichen Umweltwirkungen nebeneinander gestellt, abgewogen und nach Wichtigkeit geordnet werden. Als Basis dafür dienen fachliche Grundlagen und Werturteile, welche dabei die Hauptrolle spielen. Bei Bedarf können die erhaltenen Werte zusätzlich normiert werden, um ein besseres Verständnis der relativen Größenordnung eines jeden Indikatorwertes zu erhalten. Mögliche Referenzwerte für die Normierung sind z.B. Inputs und Outputs für ein vorgegebenes lokales, regionales, nationales oder lokales Gebiet.

Auswertung [29]

Das Ziel der Auswertungsphase der Ökobilanz ist die Darstellung von Ergebnissen, die mit der Ziel- und Untersuchungsrahmenfestlegung übereinstimmen. Außerdem dient es der Ableitung von Schlussfolgerungen, Erläuterung von Einschränkungen und dem Aussprechen von Empfehlungen [28]. Um dies zu erreichen, sind verschiedene Auswertungen durchzuführen. Dazu gehören u.a. die Identifizierung der signifikanten Parameter, eine Beurteilung der Vollständigkeit der zugrunde gelegten Daten, sowie die Prüfung der Zuverlässigkeit der Ergebnisse [85]. Die Norm verpflichtet außerdem zu einer Fehlerbetrachtung und Sensitivitätsüberprüfung. Daraus resultieren gegebenenfalls die Revidierung von Annahmen und die iterative Durchführung der vier Schritte.

1.4.3. Ökobilanzierung in Forschung und Entwicklung

Forschungsbegleitende Ökobilanzierung wird angewandt, um den Entscheidungsfindungsprozess unter anderem in der chemischen Verfahrensentwicklung zu unterstützen. Die forschungsbegleitende Bilanzierung hilft bei der gezielten Auswahl von ökologisch vorteilhaften Prozessgestaltungen. Dabei wird nach der am aussichtsreichsten Parameterkonfiguration gesucht, wobei teils gegenläufige Aspekte in einem wiederholten Prozess beachtet werden [78, 79]. Ziel in der Entwicklung der chemischen Prozesse sind Synthesen, die ein Minimum an Rohmaterialien und Energie benötigen und ohne aufwändige Sicherheits- und Entsorgungsmaßnahmen auskommen [114].

Erste Arbeiten befassen sich bereits mit den Umweltauswirkungen ionischer Flüssigkeiten damit verbundener Prozesse. Name hat beispielsweise einen Prozessvergleich bei einer Diels – Alder – Reaktion von Cyclopentadien mit Acrylsäuremethylester vorgenommen [153].

In dieser Arbeit steht als Reaktion die Umesterung und als katalytisches Konzept ionische Flüssigkeiten im Fokus. Für Umesterungen werden die meisten Ökobilanzen für Herstellungsverfahren von Biodiesel aufgestellt [96]. Die Eigenschaften der relativ neuen Stoffklasse der ionischen Flüssigkeiten sind noch teilweise unerforscht. Aktuelle Arbeiten behandeln vor allem Toxizitätsuntersuchungen [155], ökologisch vorteilhafte Prozessmodifikationen [68, 103] und Ökobilanzierungen [71, 101, 153].

Bei der Erstellung von Ökobilanzen treten typische Probleme auf, die am Beispiel vorliegender Arbeit erläutert werden:

Zeitfaktor (Aktualität und Dauer der Studienerstellung)

Die Ergebnisse von Ökobilanzuntersuchungen, die im Rahmen einer Verfahrensentwicklung durchgeführt werden, sind Momentaufnahmen und hängen vom Entwickungsstand des Verfahrens ab. Insbesondere in der Frühphase der Entwicklung stehen oft nur unvollständige und unsichere Daten zur Verfügung. Ökobilanzuntersuchungen, die erst nach einigen Jahren zu Ergebnissen kommen, sind für den Betrieb oft nicht mehr relevant [51].

Allokation

In Ökobilanzuntersuchungen ist die Zuordnung von umweltbelastenden Effekten nicht immer eindeutig. So ist die Umesterung eine Reaktion mit zwei unterschiedlichen Produkten, einem Alkohol und einem Ester. Diese werden darüber hinaus in unterschiedlichen Mengen erzeugt. Von daher muss zunächst die Frage beantwortet werden, welchen Produkten mit welchem Anteil die umweltbelastenden Effekte zugeordnet werden.

Bilanzgrenzen

Das Ergebnis aber auch die Komplexizität und der Aufwand einer Ökobilanzuntersuchung hängt von den Bilanzgrenzen ab. Je weiter diese gezogen sind, desto mehr Effekte werden berücksichtigt aber desto mehr Daten werden benötigt und desto komplexer und aufwändiger ist die Bewertung. Die Festlegung der Bilanzgrenze muss daher mit dokumentiert werden [100]. Werden im Rahmen einer Prozessumstellung Vergleiche vorgenommen, liegt es nahe, die Bilanzgrenze so eng wie möglich und so weit wie nötig zu ziehen.

Bewertung

Die Bewertung der umweltbelastenden Effekte ist nicht einheitlich festgelegt und kann sich zwischen verschiedenen Personen, Firmen und Institutionen unterscheiden. So kann zum Beispiel die Gewichtung unterschiedlicher Wirkungskategorien unterschiedlich festgelegt werden. Bewertungsmethoden, die aus bis zu 14 verschiedenen Wirkungskategorien eine dimensionslose Bewertungszahl generieren, sind für den Vergleich verschiedener Verfahrensvarianten geeignet. Ferner kann durch Variation einzelner Prozessparameter festgestellt werden, welche Elemente der Verfahrensumstellung die bestmögliche Umweltentlastung bereitstellen.

1.5 Motivation und Zielsetzung der Forschungsarbeiten

Ziel dieser Arbeit ist die Realisierung einer durch eine acide halogenfreie und schwermetallfreie ionische Flüssigkeit katalysierte Umesterung. Diese Reaktion soll sowohl diskontinuierlich als auch kontinuierlich in einer scale-up fähigen Miniplantanlage realisiert werden. Zudem soll der IL Katalysator möglichst oft rezyliert werden können. Ferner ist die Vorteilhaftigkeit des Verfahrens durch Ökobilanzanalysen und eine Wirtschaftlichkeitsbewertung zu untersuchen.

Abbildung 1-12 zeigt schematisch das säurekatalysierte Umesterungsverfahren mit den drei problematischen Aspekten der Neutralisierung und Aussschleusung des Katalysators und der damit verbundenen Abfallproduktion und dem Verbrauch an Neutralisierungsmittel. Abbildung 1-13 zeigt eine Realisierungsmöglichkeit des IL katalysierten Umesterungsverfahrens als kontinuierlich betriebene Reaktion mit parallel ablaufender Rezyklierung des Katalysators in einem Fallfilmverdampfer.

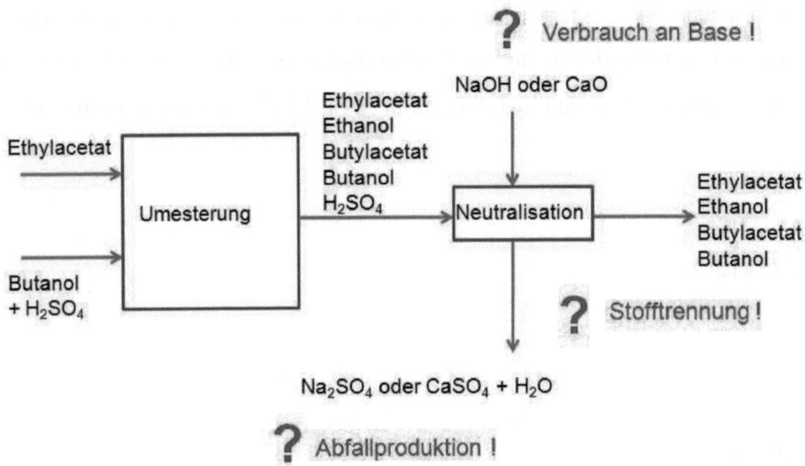

Abbildung 1-12: Problemstellungen der technisch genutzten Umesterung.

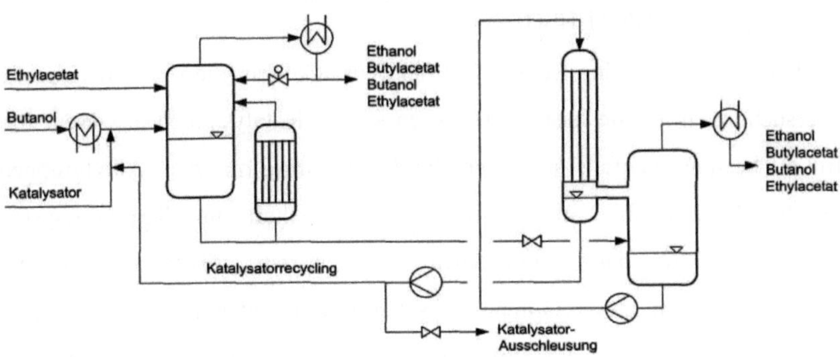

Abbildung 1-13: Fließbild des Zielverfahrens.

2. Material und Methoden

2.1 Untersuchte IL Katalysatoren

Für die Umesterung wurden eine Reihe halogen- und schwermetallfreier ionische Flüssigkeiten eingesetzt und auf ihre Eignung getestet. Zunächst kamen Imidazoliumhydrogensulfate zum Einsatz, siehe Abbildung 2-1. Die katalytisch aktive Komponente beider IL-Katalysatoren ist das Hydrogensulfatproton. Die Alkylgruppen am Imidazoliumring definieren die Hydrophobie der IL und haben Einfluss auf die Mischbarkeit im Reaktionssystem. Die Synthese dieser Katalysatoren 1-Ethyl-3-methylimidazoliumhydrogensulfat (EMIM-HSO_4) und 1-Butyl-3-ethylimidazoliumhydrogensulfat (BEIM-HSO_4]) erfolgte nach [61].

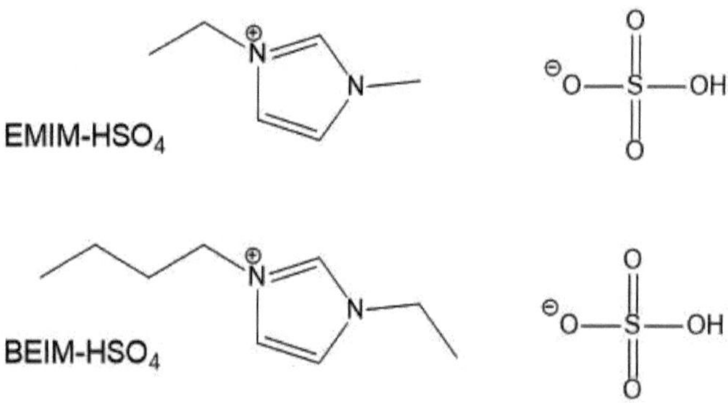

Abbildung 2-1: Strukturformel der ionischen Flüssigkeiten EMIM-HSO_4 und BEIM-HSO_4.

Abbildung 2-2 zeigt eine Reihe ionischer Flüssigkeiten, die sich am Ende der Untersuchungen als die leistungsfähigsten sauren Katalysatoren erwiesen. Ihre Struktur besteht ebenfalls aus einem Imidazoliumring mit zwei Alkylgruppen, die die Hydrophobie und somit die Löslichkeit im Reaktionssystem beeinflussen. Die darin enthaltenen Anionen sind Hydrogensulfat und Methylsulfonat. In dieser Gruppe ionischer Flüssigkeiten ist die katalytische Leistung auf das Proton der Sulfonsäuregruppe zurückzuführen. Die Synthese von 1-Methyl-3-Butylsulfonsäure-Imidazoliumhydrogensulfat (MIMBS-HSO_4),

1-Methyl-3-Butylsulfonsäure-Imidazoliummethylsulfonat (MIMBS-$MeSO_3$) und 1-Butyl-3-Butylsulfonsäure-Imidazoliumhydrogensulfat (BIMBS-HSO_4) erfolgte analog zu [23].

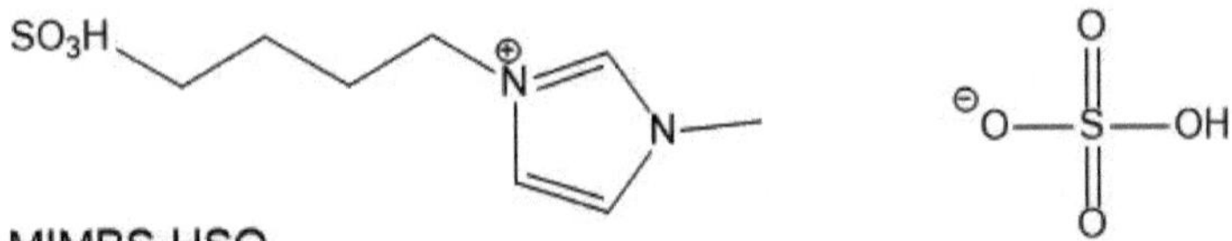

MIMBS-HSO_4

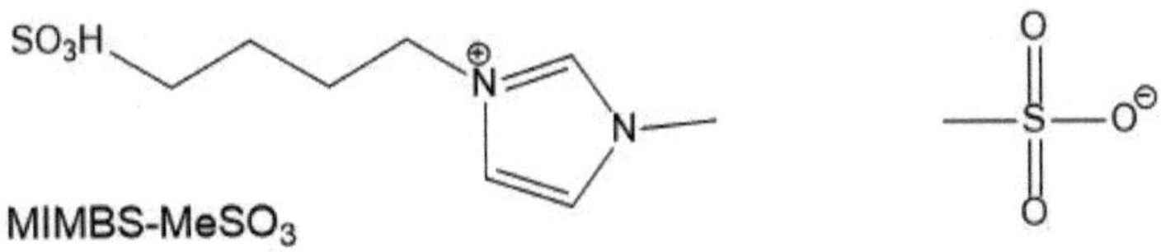

MIMBS-$MeSO_3$

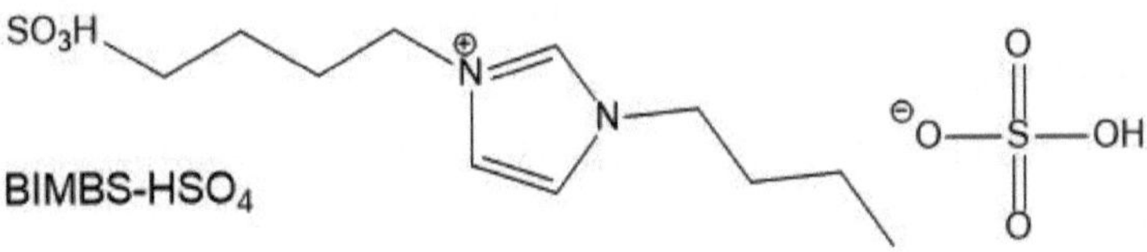

BIMBS-HSO_4

Abbildung 2-2: Strukturformeln der untersuchten ionischen Flüssigkeiten.

2.2 Verwendete Chemikalien

Neben den in Kapitel 2.1 erwähnten ionischen Flüssigkeiten kamen folgende Chemikalien zum Einsatz als Reaktanden, Referenzkatalysatoren, Indikatoren, Betriebsgase für die Analytik und Reinigungsmittel für ionische Flüssigkeiten.

Edukte und Reaktionsmischungen:

- Butanol, 99%, Acros, Code 107690025
- Ethylacetat, >99%, Acros, Code 149470250, Lot 0688179

- Ethanol, 96 %, Merck, K 21648971 515 1.00971.2500
- Butylacetat, 99 %, Acros Organics, Code 107750025, Lot 1080804, UN 1123, CAS 123-86-4

Betriebsgase und Titrationsmittel für die Analytik

- Stickstoff 5.0, UN1066, Westfalen AG, Münster
- Synthetische Luft, UN 1956, Westfalen AG, Münster
- Wasserstoff 5.0, UN 1049, Westfalen AG, Münster
- Natriumhydroxid, >99% p.A., Roth, Art.-Nr. 6771.2, Charge 459111107, UN 1823

Referenzkatalysatoren

- Schwefelsäure, p.A. 95 – 97 %, Merck, 2556292
- Amberlite IRA-410, Fluka Analytical, 06435-250G, Lot #0001440877, CAS 68181-94-2
- Amberlyst 15, Fluka Analytical, 06423-250G, 1399852-25208101, CAS 39389-20-3
- Natriumcarbonat, Sigma Aldrich, Nr. 207-830-8
- Natriumhydroxid, >99% p.A., Roth, Art.-Nr. 6771.2, Charge 459111107, UN 1823
- Isopropanol, Fisher Scientific, Code P/7500/17, Batch 0446908, UN 1219, CAS 67-63-0
- Kaliumhydroxid, >85% p.A. in Plätzchen, Roth, Art.-Nr. 6751.1, Charge 40790014, UN 1813
- Naturzeolith, ZEOCEM 0,5 – 1 mm, ZEOCEM a.s., Bystré (Slowakei)

2.3 Geräte und Aufbauten für Reaktionsversuche und Analytik

Abbildung 2-3 (links) zeigt einen Versuchsaufbau für einfache Synthesen im Labormaßstab bestehend aus einem Magnetrührer mit durch ein Kontaktthermometer regelbarer Heizplatte, einem Thermalölbad, einem Zweihalskolben (250 ml) mit Thermometer und Rückflusskühler. In dieser Apparatur wurden sämtliche Reaktionsversuche im Labormaßstab durchgeführt. Optional lassen sich ein Rücklaufteiler als Destillatausgang und eine Vakuumpumpe anbauen. In diesem Fall lässt sich eine einstufige Destillation durchführen. Diese Aufbauvariante dient der Untersuchung der im Reaktionssystem vorkommenden Azeotrope und deren Beeinflussbarkeit durch ionische Flüssigkeiten und Druckveränderungen.

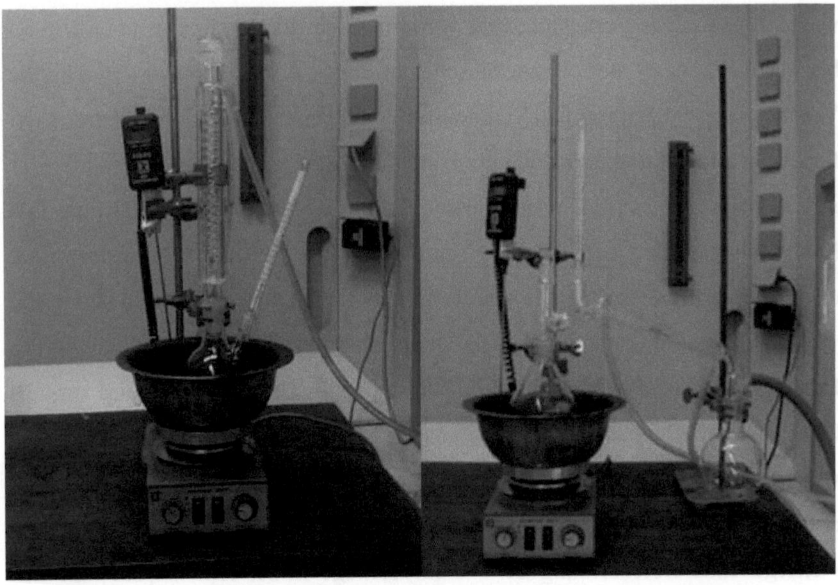

Abbildung 2-3: Aufbau der Apparatur für die Umesterungsreaktionen im Labormaßstab (links), Destillationsapparatur zur Rückgewinnung der ionischen Flüssigkeiten (rechts).

Die in Abbildung 2-3 (rechts) gezeigte Aufbauvariante mit Destillationsbrücke diente der Wiedergewinnung der ionischen Flüssigkeiten. Für die Einstellung des Druckes in der Apparatur wurde eine Vakuumpumpe vom Typ PC 2003 vario der Firma vacuubrand (D-97877 Wertheim) verwendet. Diese Pumpe ist mit einem Vakuum–Controller vom Typ CVC 2000 ausgestattet.
Für die Umesterungsversuche im Miniplantmaßstab diente eine scale-up fähige Miniplantanlage, bestehend aus einem Reaktionsraum, der auch als Brüdenabscheider dient, und einem außen anliegenden Naturumlaufverdampfer, siehe Abbildungen 2-4 und 2-5. Die Anlage hat einen Zulauf, einen Sumpf- und einen Destillataustrag. Abhängig vom Füllstand ergibt sich ein flüssiges Reaktionsvolumen von ca. 3 L.
Die Apparatur ist thermalölbeheizt und am Sumpf- sowie Destillataustrag wassergekühlt. Das Verdampferrohr wird mit Öleinlauftemperaturen von 105 °C bis 120 °C und der Brüdenabscheider mit 79 °C beheizt. Durch die Verdampfung im Naturumlaufverdampfer kommt es zu einem Umlaufstrom, der für den Wärmeeintrag und eine gute Durchmischung sorgt. Das Verdampferrohr ist aus Edelstahl 1.4571 mit der Geometrie d_a x s x l = 25 x 2 x 800 mm. Das Mantelrohr hat die Geometrie d_i x s x l = 31 x 2 x 800 mm. Der Apparat hat damit eine auf die Außenseite des Rohres bezogene Wärmeübertragungsfläche von A = 0,0628 m^2 sowie eine freie Querschnittsfläche von A_q = 0,000346 m^2. Der sich durch die Verdampfung einstellende Umlaufstrom wird mittels Coriolis–Durchflussmesser (Typ: Promass 80) bestimmt. Die Miniplantversuche wurden sowohl diskontinuierlich als auch kontinuierlich mit jeweils frischer und rezyklierter ionischer Flüssigkeit als Katalysator durchgeführt. Eine weitergehende Beschreibung der Versuchsanlage findet sich in [109]. In den diskontinuierlichen Versuchen wurde das Destillat nach Ermittlung des Massenstroms wieder über die Zulaufstelle in den Reaktionskreislauf eingeschleust. Am Destillatauslass befindet sich ein Sammelbehälter mit Volumenskala. Dort kann der Destillatabfluss für eine definierte Zeit gestoppt

und das in dieser Zeit anfallende Volumen bestimmt werden. Das Experiment muss dafür nicht unterbrochen werden. Aus dem Volumenstrom kann der Massenstrom berechnet werden.

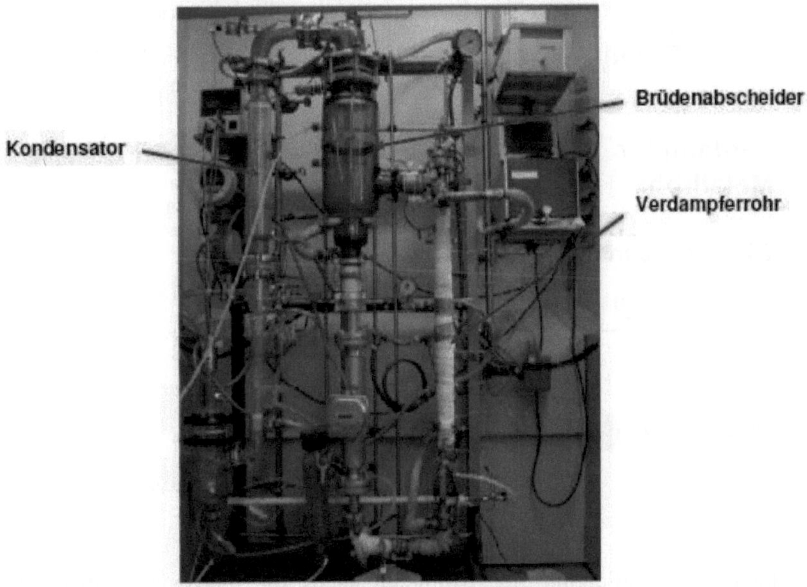

Abbildung 2-4: Miniplantreaktor für die Umesterungen im Miniplantmaßstab.

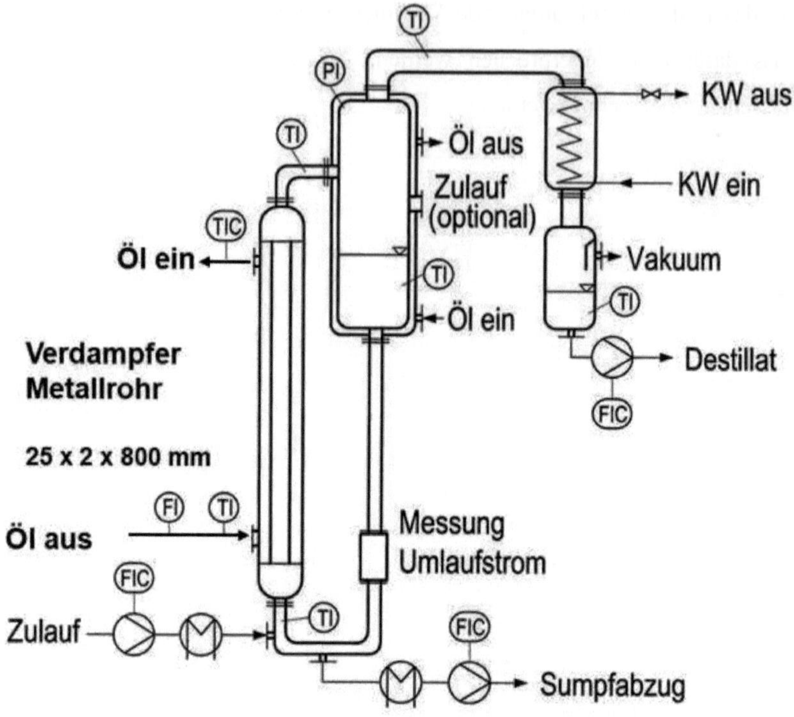

Abbildung 2-5: Fließbild der Miniplantanlage für die Umesterungen im Miniplantmaßstab.

Für die Konzentrationsbestimmung der Proben wurde ein Gaschromatograph vom Typ „Shimadzu GC 2010" verwendet. Dieser ist mit einem Autosampler „Shimadzu AOC20i" und einem Flammen-Ionisationsdetektor (FID) ausgestattet. In diesem Gerät eine Säule vom Typ „Optima Delta 3" der Firma Macherey und Nagel GmbH & Co KG (Düren) installiert. Sie hat eine Länge von 30 m, einen Durchmesser von 0,32 mm und ist auf der Innenseite mit einer stationären Phase mit einer Schichtdicke von 1 µm beschichtet. Die für das untersuchte Reaktionssystem geeignete Messmethode ist Tabelle 2-1 zu entnehmen.

In einem Probengläschen mit Schraubdeckel und Septum und einem Volumen von 1,2 ml wurde 1,0 ml Aceton vorgelegt. Anschließend wurden von den aus dem Reaktor entnommenen Proben 25 µl zudosiert und vermessen. Die vier relevanten Peaks für die Edukte und Produkte der untersuchten Umesterung treten nach folgenden Retentionszeiten auf:

- Ethanol bei einer Retentionszeit von: 4,3 Minuten
- Ethylacetat bei einer Retentionszeit von: 5,3 Minuten
- Butanol bei einer Retentionszeit von: 5,7 Minuten
- Butylacetat bei einer Retentionszeit von: 7,7 Minuten

Der Gaschromatograph wird vom auf dem Steuerungsrechner installierten Programm „Lab Solutions GC Solution Release 2.10" gesteuert und die resultierenden Daten damit ausgewertet.

Tabelle 2-1: Charakterisierung der gaschromatischen Analysenmethode.

Injektor	Injektionsvolumen: 0,5 µl; Splitverhältnis 1:50; Temperatur: 300 °C; Lineare Trägergasgeschwindigkeit: 15 m/s
Temperatur	Temperaturprofil: 80 °C für 1 min, mit 15 K/min auf 145 °C, 145 °C für 4 min, mit 30 K/min auf 245 °C, 245 °C für 1 min
Detektor	Temperatur: 250 °C

2.4 Ökobilanzmethoden

Die Ökobilanzuntersuchungen wurden mit den kommerziellen Softwareprodukten Umberto® V5.5 und Sabento® V1.2 von der Firma ifu Hamburg GmbH angestellt. Zudem kam die Datenbank ecoinvent V2.1 für die Bewertungen zum Einsatz. Im Folgenden werden die verwendeten Ökobilanzmethoden erläutert.

2.4.1 Beschreibung der Ökobilanzsoftware

Umberto®

Die Software Umberto® basiert auf dem Konzept der Stoffstromnetze, welche die Stoff- und Energieströme sowie die Stoffbestände darstellen können [106]. Die grundlegende mathematische Systematik dafür liefern die Petri – Netze [95]. Als Datengrundlage für die Software dient die Datenbank ecoinvent. Diese Datenbank ist das Ergebnis eines Langzeitprojekts und baut auf den LCIA-Erfahrungen der Schweiz auf [44, 45]. Ecoinvent enthält Sachbilanzdaten aus verschiedenen Bereichen, unter anderem der Energiebereitstellung, der Material und Chemikalienherstellung und dem Transport. Von in der Software angebotenen Bewertungsmethoden werden „Eco-Indicator 99“ und „Kumulierter Energieaufwand (KEA)“ verwendet. Die oben Bewertungsmethoden können auf die berechneten Daten der Sachbilanz angewendet werden [67]. Eine Änderung der Parameter in den einzelnen Bewertungsmodellen ist grundsätzlich möglich.

Sabento®

Aufbauend auf Umberto wurde die Software Sabento® entwickelt. Mit dieser Software lassen sich biotechnische Produktionsprozesse modellieren und bewerten. Es können eine Wirtschaftlichkeitsabschätzung des Verfahrens, sowie eine Einschätzung der ökologischen und sozialen Auswirkungen erfolgen. Stoffstromanalysen ermöglichen sowohl ökologische als auch ökonomische

Bewertungen [15]. Die Möglichkeit, Prozessvarianten und ihre Auswirkungen zu erproben, steht ebenso zur Verfügung, wie Vergleichsmöglichkeiten des betrachteten Prozesses mit bereits bestehenden Prozessen [18]. Auch in Sabento® ist ein Materialbaum integriert, um Stoffe und Materialien sowie ihre Eigenschaften zu speichern. In Sabento® sind viele für biotechnologische Prozesse nötige Stoffe hinterlegt. Nicht vorhandene Materialien können vom Bediener selbst mit Hilfe eines entsprechenden Assistenten eingegeben werden. Zusätzlich erfolgt wie auch in Umberto die Einteilung der Materialien in „gut", „neutral" und „schlecht". Im System gebildete Produkte sind erwünscht und werden ebenso wie Rohstoffe und Ressourcen, die zur Produktion benötigt werden, mit dem Materialtyp „gut" beschrieben. Abfälle und Emissionen werden im Materialtyp „schlecht" eingestuft. Materialien, die für den Prozess keine Bedeutung haben, werden als „neutral" eingestuft. Ein Vorteil dieser Software ist ihre klare und verständliche Struktur. Da die Antwortmöglichkeiten vorgegeben sind und jedem Bewertungskriterium ein Einleitungstext vorausgeht, ist kein spezifisches Hintergrundwissen für die Softwareanwendung nötig. Erste Forschungsarbeiten, die chemische Syntheserouten vergleichend betrachten wurden durchgeführt [34].

2.4.2: Die Ökobilanzmethode Ecoindicator99

Die Methode Ecoindicator 99 (Abbildung 2-6) wurde speziell für die Verfahrensentwicklung von PRé Consultants in den Niederlanden entwickelt [30, 49]. Die berechnete Schadensbewertung wird als jeweils einzelner Wert für die drei Wirkungskategorien „Menschliche Gesundheit", „Ökosystemqualität" und „Ressourcen" oder als aggregierte Kennzahl ausgegeben. Gemäß DIN EN ISO 14044 müssen Ergebnisse, die auf Methoden basieren, die hoch aggregierte Werte ergeben, mit Vorsicht behandelt werden. Die Systemgrenzen folgen dem „cradle-to-grave" Ansatz und betrachten den gesamten Lebenszyklus eines Produktes: Vorketten, Produktion, Verwendung und Entsorgung/Recycling.

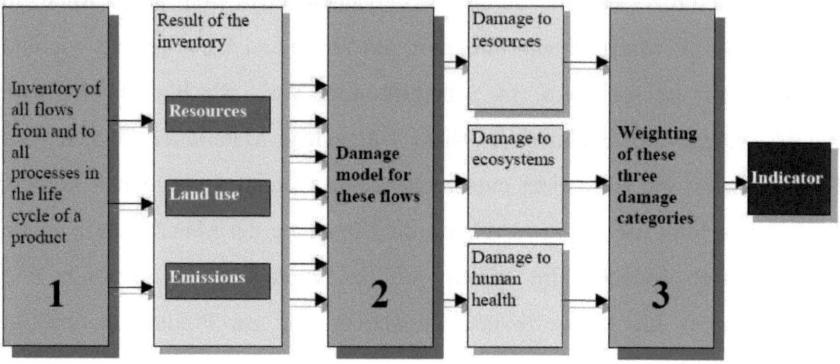

Abbildung 2-6: Schema des Modells „Ecoindicator99".

2.4.3 Das EHS Modell nach Heinzle (Sabento®)

Die EHS (Environment, Health, Safety) Bewertungsmethode wurde von Heinzle an der Universität des Saarlandes entwickelt [13, 57]. In dieser Methode werden Bewertungstechniken klassischer Ökobilanzanalysen mit den in der Risikobewertung üblichen Methoden kombiniert [75]. Die Methode wurde speziell für die Anwendung im frühen Stadium der Verfahrensentwicklung ausgelegt. In diesem Stadium des konzeptionellen Verfahrensentwurfes liegen die Daten nur unvollständig vor und sind noch mit Unsicherheiten behaftet. Im Gegensatz zu den Methoden KEA und Ecoindicator 99 umfassen die Bilanzgrenzen des EHS Modells nur die Produktionsstätte ("gate-to-gate Ansatz"). Im assistentengestützten Bewertungssystem der Software Sabento® wird eine grobe Klassifizierung in vier Kategorien für die Bewertung vorgenommen. Die Kategorien A bis D entsprechen jeweils hohen, mittleren, niedrigen oder nicht vorhandenen Ausprägungen des betreffenden umweltbelastenden Effektes. Die Wirkungskategorien und die Bewertungsgrößen sind in Tabelle 2-2 aufgelistet. Alle Wirkungskategorien werden zu einer Kennzahl, der Umweltbewertungszahl (UBZ) zusammengefasst [19]. Die Wirkungskategorien können dem Output, dem Input der Produktion oder beiden zugeordnet sein und mit verschiedenen Wichtungskoeffizienten versehen werden. Auf diese Weise ist die separate Ermittlung jeweils einer Input- oder Output-Umweltbewertungszahl möglich. Ferner werden ein Energieindex und ein Abfallindex ermittelt.

Tabelle 2-2: Wirkungskategorien im EHS Modell nach Heinzle

Wirkungskategorie	Einstufungskriterium
Umwelt (**E**cology)	
Landverbrauch	Landverbrauch [m^2kg^{-1}]
Verfügbarkeit von Rohstoffen	Erwartete Reichweite bekannter Vorkommen [Jahre]
Komplexität der Synthese	Anzahl der Synthesestufen
Ökotoxizität	R- und S-Sätze und Wassergefährdungsklasse
Treibhauspotential	Global Warming Potential (GWP)
Ozon Abbaupotential	Ozone Depletion Potential (ODP)
Versauerungspotential	Acidification Potential (AP)
Ozonbildungspotential	Photochemische Ozonbildung (POCP)
Geruch	Geruchsschwellenwert
Überdüngungspotential	Stickstoff- und Phosphorgehalt des Stoffes
Gesundheit (**H**ealth)	
Akute Toxizität	R- und S- Sätze und Gefahrensymbole sowie MAK-Werte
Chronische Toxizität	R- und S- Sätze und Gefahrensymbole
Biologisches Risiko	BioStoffV und GenTG
Sicherheit (**S**afety)	
Brand- und Explosionsgefahr	R- und S- Sätze und Gefahrensymbole

2.4.4 Der Kumulierte Energieaufwand (KEA)

Der Kumulierte Energieafwand (KEA) ist eine Kennzahl für die vergleichende Bewertung des Primärenergiebedarfes technischer Prozesse und Systeme. Nach Fritsche [46] führt die Vielzahl an Wirkungskategorien in Ökobilanzanalysen zu einem hohen Aufwand für die Datensammlung und zu komplexen Bewertungsverfahrens. In Fällen, in denen die Umweltbelastung eines Verfahrens maßgeblich vom Energieverbrauch beeinflusst wird, kann die Bewertungsmethode KEA für eine grobe Abschätzung verwendet werden. Andere umweltbelastende Effekte, wie Ökotoxizität oder die Belastung menschlicher Gesundheit, werden in dem Modell nicht berücksichtigt. Die Berechnung des Kumulierten Energieaufwandes ist in der VDI Richtlinie 4600 [131] beschrieben. Während bei der Methode Ecoindicator 99 die Systemgrenzen den kompletten Lebenszyklus eines Produktes umfassen berücksichtigt der KEA nur den Primärenergieverbrauch. Diese Methode berücksichtigt neben dem Energieaufwand für die Herstellung, den Transport etc. auch die in den Ausgangsmaterialien gebundene chemische Energie. So würde zum Beispiel der Kumulierte Energieaufwand für Kunststoff auch die in der dazu benötigten Menge Erdöl gespeicherten Energie umfassen.

3. Untersuchung geeigneter IL-Katalysatoren

Für die Modellreaktion, siehe Abbildung 1-8, wurde eine Reihe ionischer Flüssigkeiten als Katalysator untersucht. Als Vergleich wurde die katalytische Leistung der Schwefelsäure herangezogen. Alle Versuche wurden im Labormaßstab an der Apparatur gemäß Abbildung 2-3 durchgeführt.

3.1 Katalytische Leistungen hydrogensulfatfunktionalisierter IL Katalysatoren

Aufgrund der strukturellen Ähnlichkeit zu Schwefelsäure wurden zunächst mehrere ionische Flüssigkeiten getestet, deren katalytisch aktive Komponente das Hydrogensulfatproton ist. Im Vergleich zum Schwefelsäuremolekül ist ein Proton gegen das organische Kation vertauscht. Abbildung 3-1 zeigt die Konzentrationsverläufe der Edukte und Produkte der Modellreaktion mit dem Katalysator 1-Ethyl-3-methylimidazoliumhydrogensulfat (EMIM-HSO_4). In diesem Reaktionsversuch stellte sich das Gleichgewicht in mehr als 300 Minuten ein. Damit konnte die prinzipielle Eignung acider ionischer Flüssigkeiten als Umesterungskatalysator gezeigt werden. Da die Löslichkeit von EMIM-HSO_4 im Reaktionssystem zwar ausreichend ist, aber der Lösungsvorgang der IL mit etwa 30 Minuten relativ lange dauert, wurde die nächste untersuchte IL auf bessere Löslichkeit hin optimiert. 1-Butyl-3-ethylimidazoliumhydrogensulfat (BEIM-HSO_4) lässt die Reakion etwa doppelt so schnell wie EMIM-HSO_4 ablaufen. Die katalytischen Leistungen liegen weiterhin deutlich unterhalb der von Schwefelsäure, siehe Abbildung 3-2. Mischungsversuche im Labormaßstab haben gezeigt, dass BEIM-HSO_4 in einer Minute im Reaktionssystem gelöst werden kann. Der Vergleich der Umesterungsversuche mit EMIM-HSO_4, BEIM-HSO_4 und Schwefelsäure zeigt, dass mit der Verbesserung der Mischbarkeit die katalytischen Leistungen verbessert aber nicht ausreichend erhöht werden können. Weitere, wesentlich hydrophobere IL haben sich kaum im Reaktionssystem gelöst und die Reaktion nicht katalysiert. Die für die katalytische Aktivität der IL relevante Komponente ist das Säureproton. Die in Abschnitt 3.3 vorgestellten ionischen Flüssigkeiten haben jeweils eine Sulfonsäuregruppe als Protonendonator.

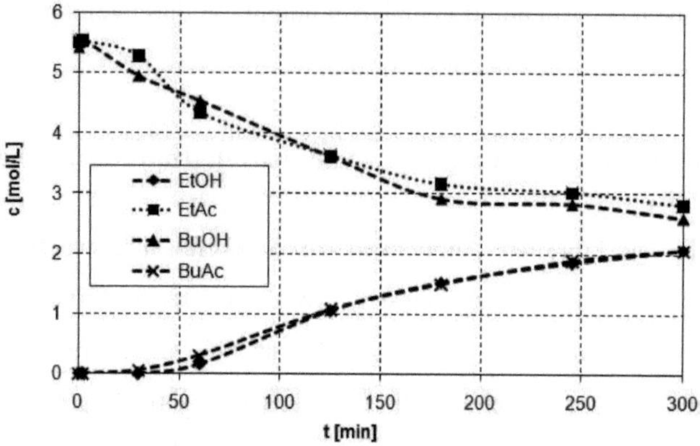

Abbildung 3-1: Verlauf der Zusammensetzung der Reaktionsmischung der Umesterung im Labormaßstab. (Katalysator: EMIM-HSO_4 p = 1 bar, T = 70 °C, c_{Kat} = 2,5 %).

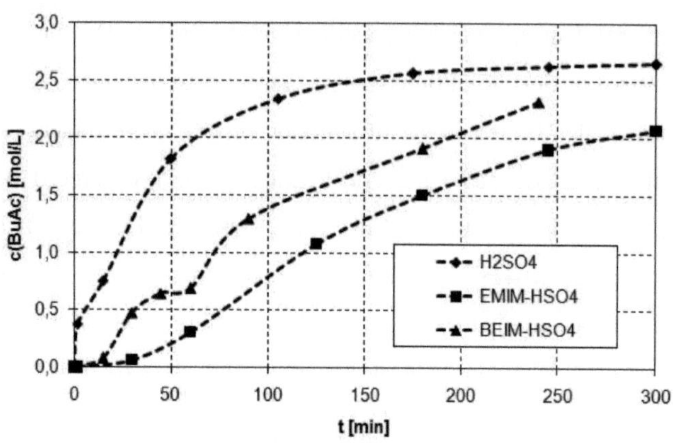

Abbildung 3-2: Produktbildungsverläufe der Umesterung. Vergleich der Katalysatoren BEIM-HSO_4 und EMIM-HSO_4 mit Schwefelsäure (p = 1 bar, T = 70 °C, CKat = 2,5 %).

3.2 Kinetische Charakterisierung der Modellreaktion

Die Umesterung ist eine reversible Reaktion mit zwei Edukten und zwei Produkten und kann mit dem Geschwindigkeitsgesetz zweiter Ordnung beschrieben werden [107]. Das Geschwindigkeitsgesetz [6] für eine Reaktion mit der Bruttoreaktionsordnung von $n = 2$ lautet

$$r = k \cdot c^2 \qquad [3\text{-}1]$$

Die linearisierte Form dieses Gesetzes lautet

$$\frac{1}{c_A} = k \cdot t + \frac{1}{c_A{}^0} \qquad [3\text{-}2]$$

Abbildung 3-3 zeigt die Bestimmung und den Vergleich der Geschwindigkeitskonstanten mit Schwefelsäure, EMIM-HSO_4 und MIMBS-HSO_4 als Katalysator. Die Steigung der resultierenden Ausgleichsgeraden entspricht der Geschwindigkeitskonstanten der Reaktion in [mol L/min]. Die Korrelationskoeffizienten liegen in allen drei Fällen über 0,9. Das Geschwindigkeitsgesetz 2. Ordnung reicht demzufolge zur Beschreibung der IL katalysierten Umesterung aus. Auch hier zeigt sich stellvertretend am Beispiel von EMIM-HSO_4, dass die Hydrogensulfatgruppe schlechtere katalytische Leistungen erbringt als Schwefelsäure, während MIMBS-HSO_4 die katalytischen Leistungen der Schwefelsäure übertrifft.

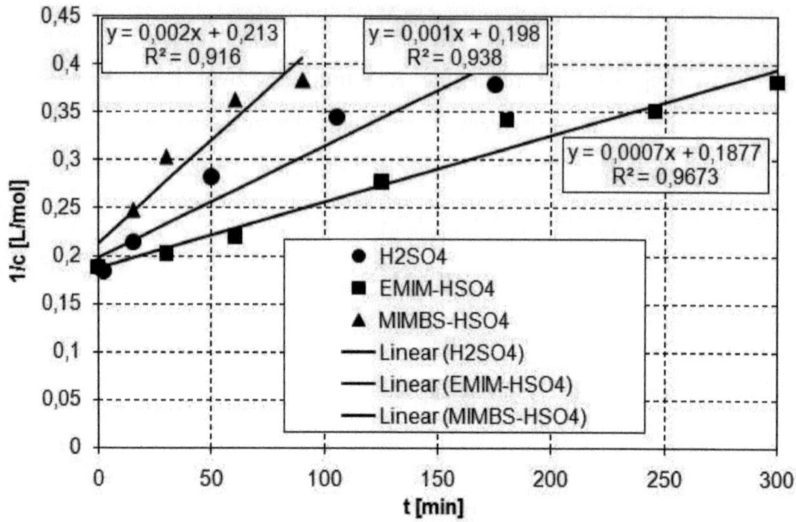

Abbildung 3-3: Konzentrationen des Eduktes Butanol in Abhängigkeit zur Reaktionszeit. Anpassung gemäß Gleichung [3-2].

Während der Untersuchungen der Umesterungsreaktion mit EMIM-HSO_4 als Katalysator wurden die Reaktionsparameter Temperatur, Stoffmengenverhältnis der Edukte und die Katalysatorkonzentration variiert, um deren Einfluss auf die Reaktionsgeschwindigkeiten zu ermitteln. Die Abbildungen 3-4, 3-5 und 3-7 zeigen die Reaktionsgeschwindigkeiten der IL katalysierten Umesterung in Abhängigkeit von diesen Parametern. Die Geschwindigkeitskonstanten wurden auf die gleiche Art wie die in Abbildung 3-3 gezeigten ermittelt.

Die Reaktion läuft am schnellsten ab, wenn keiner der Stoffe in bedeutendem Überschuss vorliegt, der optimale Bereich liegt zwischen 3:1 und 1:3. Die Variation der Temperatur zeigt einen stetigen Anstieg.

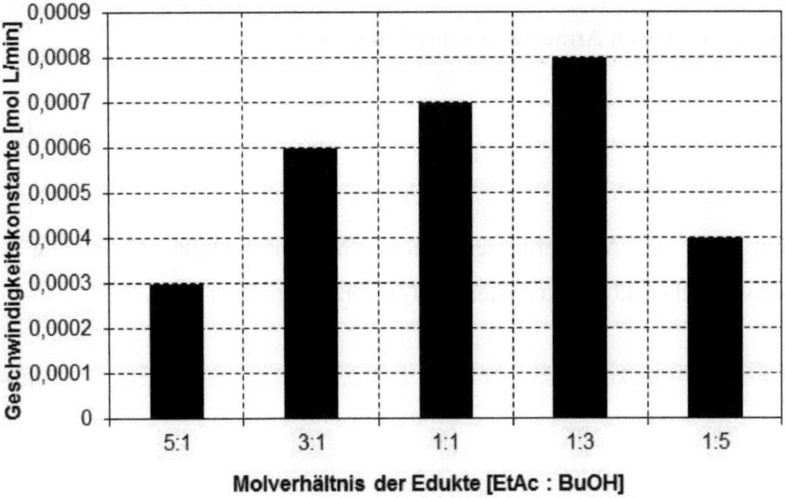

Abbildung 3-4: Reaktionsgeschwindigkeiten der Umesterung in Abhängigkeit vom Stoffmengenverhältnis der Edukte. (BEIM-HSO_4, T = 70 °C, p = 1 bar, c_{Kat} = 5 %)

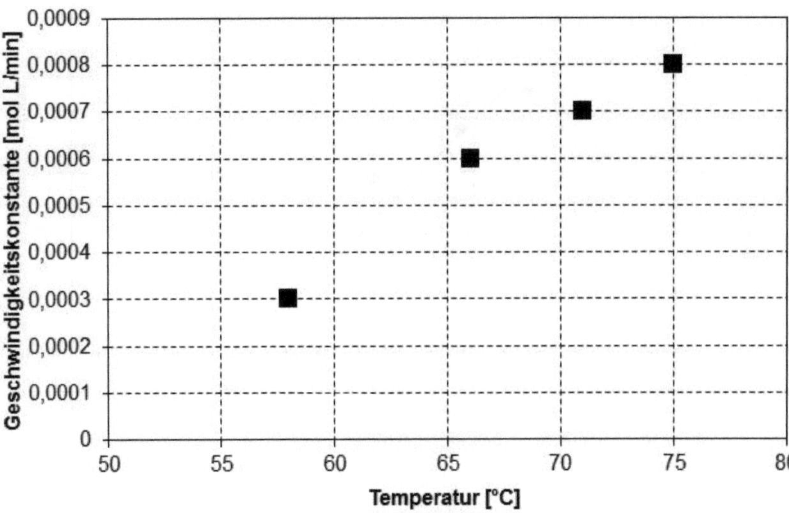

Abbildung 3-5: Reaktionsgeschwindigkeiten in Abhängigkeit von der Reaktionstemperatur: BEIM-HSO_4, p = 1 bar, c_{Kat} = 5 %.

Der Zusammenhang zwischen Temperatur und Reaktiongeschwindigkeit kann mit dem Gesetz von Arrhenius beschrieben werden.

$$k = A \cdot e^{\frac{-E_A}{R \cdot T}} \qquad [3\text{-}3]$$

Damit kann die Aktivierungsenergie durch logarithmische Auftragung der Geschwindigkeitskonstanten über der Temperatur ermittelt werden.

$$\ln k = -\frac{E_A}{R \cdot T} + \ln A \qquad [3\text{-}4]$$

Abbildung 3-6 zeigt das Arrheniusdiagramm mit den in Abbildung 3-5 genannten Daten. Die daraus ermittelte Aktivierungsenergie der Umesterung beträgt 55,3 kJ mol^{-1}. Dieser Wert entspricht in etwa der Literaturangabe von 50,8 kJ mol^{-1} [107].

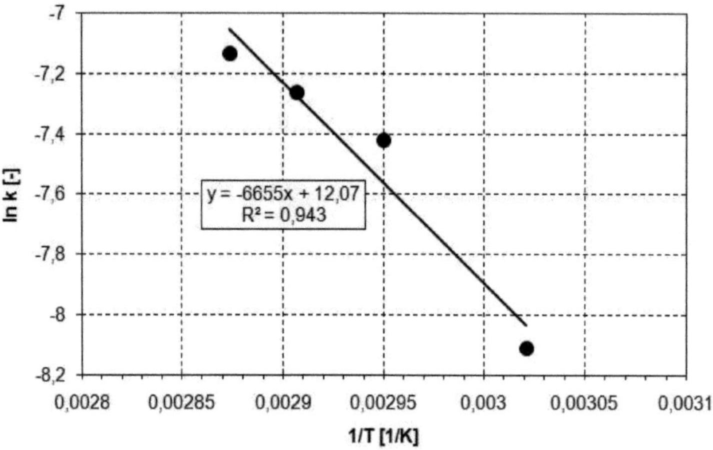

Abbildung 3-6: Arrheniusdiagramm zur Bestimmung der Aktivierungsenergie der Umesterung.

Abbildung 3-7 zeigt, dass die Umesterung schneller abläuft, je mehr Katalysator, also je mehr katalytisch aktive Protonen dem System zugeführt werden. Da 5 – 10 % Molanteil für einen Katalysator ein relativ hoher Wert ist und ionische Flüssigkeiten hochpreisige Substanzen sind, wurde in weiteren Untersuchungen nicht mit hohen Katalysatorkonzentrationen sondern mit der stärkeren Sulfonsäure gearbeitet. Effektiv gesehen führt das ebenfalls zu einer höheren Protonenverfügbarkeit im Reaktionssystem.

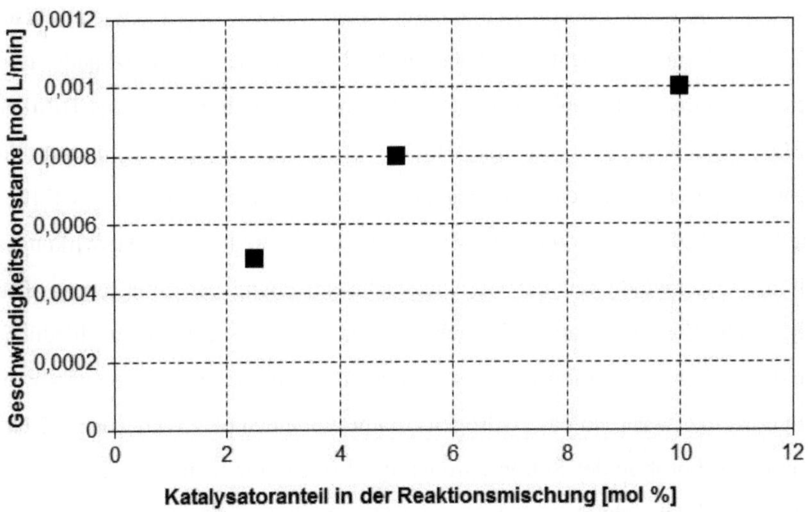

Abbildung 3-7: Reaktionsgeschwindigkeiten in Abhängigkeit von der Katalysatorkonzentration: BEIM-HSO_4, T = 70 °C, p = 1 bar

3.3 Katalytische Leistungen sulfonsäurefunktionalisierter IL-Katalysatoren

Da die Sulfonsäuregruppe bereits in Ionenaustauschern als bewährter Umesterungskatalysator funktioniert wurde im Folgenden die Katalysator-IL mit eine Sulfonsäuregruppe funktionalisiert. Abbildung 3-8 zeigt die Konzentrationsverläufe der Edukte Butanol (BuOH), Ethylacetat (EtAc) sowie der Produkte Butylacetat (BuAc) und Ethanol (EtOH). Als Katalysator kamen MIMBS-HSO_4, MIMBS-$MeSO_3$ und BIMBS-HSO_4 mit einer Konzentration von 2,5 mol-% zum Einsatz. In allen drei Fällen wird das Gleichgewicht in nach etwa 30 Minuten erreicht. Die katalytische Leistung des Referenzkatalysators Schwefelsäure wird damit übertroffen. Die höhere Hydrophobie des BIMBS-HSO_4 gegenüber dem MIMBS-HSO_4 hat keine Auswirkungen auf die Reaktionsgeschwindigkeit. Das gegenüber der ionischen Flüssigkeit MIMBS-$MeSO_3$ zusätzliche Proton des MIMBS-HSO_4 hat ebenfalls keine Auswirkungen auf die Geschwindigkeit der Gleichgewichtseinstellung der Umesterung. Das liegt wahrscheinlich daran, dass die beiden Protonen eine unterschiedliche Acidität haben. Die Sulfonsäure hat mit einem organischen Rest einen pKs Wert von etwa -0,6, während das Hydrogensulfatproton einen pKs Wert von 1,92 hat. Durch die Protolyse der Sulfonsäure hat das Milieu eine Säurekonzentration, in der die relativ schwächere Säure Hydrogensulfat nicht protolysiert. Sind mehrere katalytisch aktive Protonen an einem Ionenpaar des IL Katalysators erwünscht, müssen dies gleichstarke Säuren sein. Ferner zeigen die Konzentrationsverläufe im oberen Diagramm der Abbildung 3-8 eine breitere Streuung und eine ausgeprägteren Wellenform. Das ist ein Indikator für eine mangelhafte Vermischung im Reaktionssystem. Der Laboraufbau aus einem Rundkolben mit einem Volumen von 250 mL wurde mit einem Magnetrührer gerührt und beheizt. Rührkerne gewähren keine konstante und definierte Vermischung des Reaktionsvolumens. Dieses Problem wird in späteren Versuchen im Miniplantmaßstab behoben.

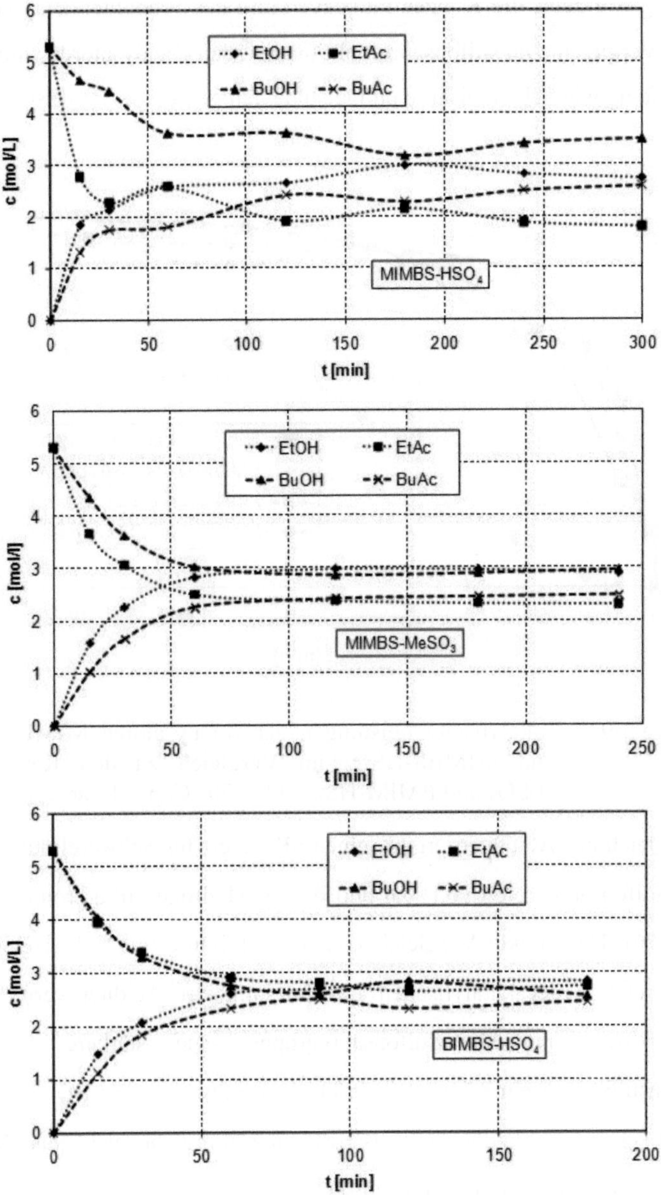

Abbildung 3-8: Konzentrationsverläufe der Reaktionspartner der Umesterung im Labormaßstab (T = 70 °C, p = 1 bar, c_{Kat} = 2,5 %).

Abbildung 3-9 zeigt die Konzentrationsverläufe des Produktes Butylacetat im direkten Vergleich. Die sulfonsäurefunktionalisierten Katalysatoren sind ähnlich leistungsfähig wie Schwefelsäure und leistungsfähiger als EMIM-HSO_4.

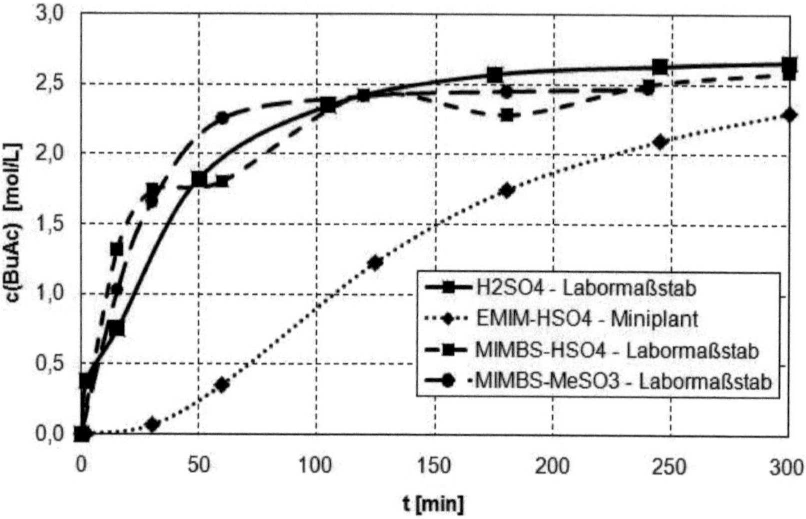

Abbildung 3-9: Katalytische Leistungen der Katalysatoren MIMBS-$MeSO_3$ und MIMBS-HSO_4 im Vergleich zu den Katalysatoren H_2SO_4 und EMIM-HSO_4. ($T = 70$ °C, $p = 1$ bar, $c_{Kat} = 2{,}5$ %)

Ein Vergleich der Acititäten ergibt einen pKs Wert für Schwefelsäure von –3, für das Sulfonsäureproton von -0,6 und für das Hydrogensulfatproton von 1,92 [20, 27, 76]. Der direkte Vergleich von Schwefelsäure mit EMIM-HSO_4 lässt eine Korrelation der katalytischen Leistung mit der Acidität vermuten. Da MIMBS-HSO_4 mit der Sulfonsäuregruppe eine stärkere Säure als Hydrogensulfat und ein schwächere Säure als Schwefelsäure ist, dennoch die Reaktion schneller ablaufen lässt als Schwefelsäure, kann nicht ausschließlich die Acidität die katalytische Leistung beeinflussen. Abbildung 3-10 ordnet die drei Katalysatoren qualitativ vergleichend nach ihrer Acidität, der Korrosivität [153, 154] und der katalytischen Leistung ein. Die einzige auffällige

„Abweichung“ von den Trends ist die Tatsache, dass die IL trotz geringerer Acidität ein mindestens der Schwefelsäure gleichwertiger Katalysator ist. Der Reaktionsmechanismus der Umesterung (siehe Kapitel 1) beginnt mit der Protonierung der Carbonylgruppe am Sauerstoffatom. Nach dem Brønsted´schen Modell der Säuren und Basen nimmt das Sauerstoffatom der Carbonylgruppe des Esters die Rolle der Base an. Dieser Protonentransfer funktioniert mit jeder Säure, die einen höheren pKs Wert als das protonierte Carbonylatom aufweist. Beim Design des Katalysators ist es demnach nicht notwendig, eine möglichst hohe Acidität zu erreichen, es genügt, die Acidität der korrespondierenden Säure des Esters zu übertreffen. Jede weitere Steigerung der Acidität führt zu keiner weiteren Steigerung der Reaktionsgeschwindigkeit, wohl aber der Korrosivität, wie es das in der Abbildung 3-10 dargestellte Verhalten der Schwefelsäure zeigt.

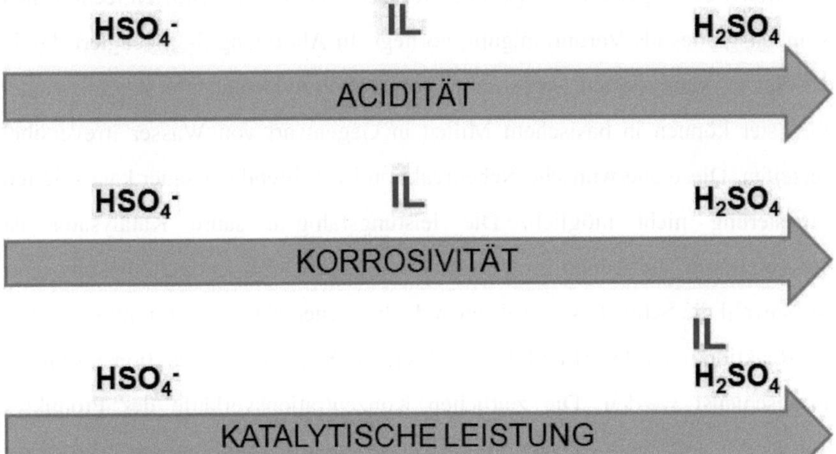

Abbildung 3-10: Tendenzen dreier Eigenschaften in Abhängigkeit von der funktionellen Gruppe der Katalysatoren.

3.4 IL-Katalysatoren im Vergleich zu anderen Umesterungskatalysatoren

Die Diskussion zur Einführung acider ionischer Flüssigkeiten in Umesterungsreaktionen erfordert den Vergleich mit allen gängigen alternativen Katalysatoren. Am weitesten verbreitet sind basische Alkoholate und Alkalilaugen. Der basisch katalysierte Reaktionsmechanismus der Umesterung ist erheblich schneller als der sauer katalysierte Reaktionsweg. In Abbildung 3-11 wird die Umesterung mit den basischen Katalysatoren Natriumhydroxid, Kaliumisopropylat und Natriumcarbonat anhand ihrer Produktbildungskurven verglichen. Das Gleichgewicht der Reaktion wird bereits nach 2-5 Minuten erreicht. Die basische Route ist jedoch empfindlich gegenüber Verunreinigungen. Acide Fremdstoffe deaktivieren den Katalysator. Im Fall der Anwendung in der Biokraftstoffsynthese wäre dies ein Problem, da oft freie Fettsäuren in den Ausgangsstoffen vorliegen. Zudem ist der basische Reaktionsweg empfindlich gegenüber Wasser, das in vielen Stoffen technischen Reinheitsgrades als Verunreinigung vorliegt. In Abbildung 3-11 reagiert das in der $NaCO_3$-katalysierten Umesterung gebildete Butylacetat sehr schnell wieder ab. Ester können in basischem Milieu in Gegenwart von Wasser irreversibel verseifen. Diese unerwünsche Nebenreaktion ist während der sauer katalysierten Umesterung nicht möglich. Die leistungsfähigste saure Katalysator ist Schwefelsäure, die jedoch im Vergleich mit anderen Säuren weitaus korrosiver ist. Sowohl die Schwefelsäure als auch die basischen Katalysatoren müssen nach der Reaktion neutralisiert und das resultierende Salz aus der Reaktionsmischung ausgeschleust werden. Die zeitlichen Konzentrationsverläufe des Produktes Butylacetat mit dem Einsatz verschiedener saurer Katalysatoren werden in Abbildung 3-12 miteinander verglichen. Umesterungsversuche mit dem Ionentauscher Amberlyst (m = 5 g; c_{H+} = 2,5 mol-%) und dem Naturzeolithen ZEOCEM (m = 5 g) erreichen bei weitem nicht die Reaktionsgeschwindigkeiten, die mit MIMBS-$MeSO_3$ und Schwefelsäure erreicht werden.

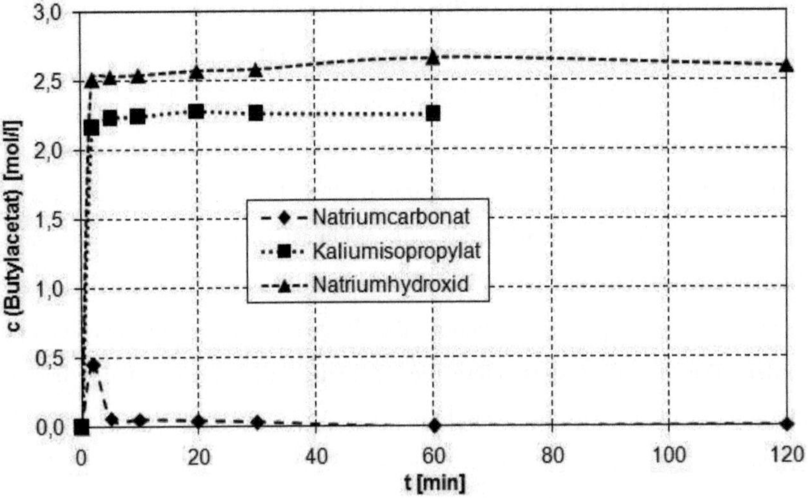

Abbildung 3-11: Konzentrationsverläufe für Butylacetat mit ausgewählten basischen Katalysatoren. (T = 70 °C, p = 1 bar, c_{Kat} = 2,5 %)

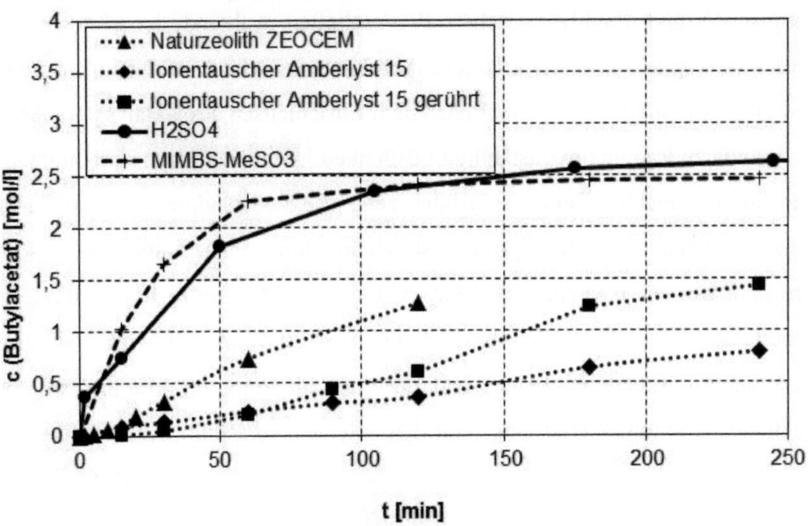

Abbildung 3-12: Konzentrationsverläufe für Butylacetat mit ausgewählten sauren Katalysatoren. (T = 70 °C, p = 1 bar)

4. Diskontinuierliche Versuche im Miniplantreaktor

4.1 Die Umesterungsreaktion im Miniplantmaßstab

Nachdem die prinzipielle Eignung acider ionischer Flüssigkeiten als Umesterungskatalysator gezeigt werden konnte und darüber hinaus IL Katalysatoren mit ausreichender katalytischer Leistung gefunden werden konnten, wurden anschließend die Umesterungsversuche in einer Miniplantanlage durchgeführt. Die Versuchsanlage ist in Kapitel 1 näher beschrieben. Im Kapitel 3 ist bereits das Problem der Vermischung erwähnt worden. Das betrifft insbesondere die erstmalige Einschleusung des frischen Katalysators in die Reaktionsmischung. Mit der Anpassung der Hydrophobie lässt sich die Löslichkeit etwas verbessern aber das Problem nicht immer vollständig beheben. Die Mischungsproblematik muss demzufolge während des apparativen Verfahrensdesigns berücksichtigt werden. Der verwendete Miniplantreaktor weist ein sehr gutes Vermischungsverhalten auf. Die thermischen und fluiddynamischen Eigenschaften während der Umesterung werden in Kapitel 4.2 näher erläutert. Abbildung 4-1 zeigt auf der linken Seite ein Foto des Reaktors unmittelbar nach dem Einschleusen des Katalysators. Man erkennt die zu Beginn unvollständige Löslichkeit in der sichtbaren Trübung. Das Foto auf der rechten Seite des Bildes zeigt die vollständige Mischung acht Minuten später. Der Katalysator ist allein durch den Naturumlaufstrom vermischt worden, mechanische Rührer sind in dem Reaktor nicht installiert. In Abbildung 4-2 wird die Erstvermischung des Katalysators EMIM-HSO_4 im Labormaßstab (obere Bildreihe) und der Einschleusung im Miniplantreaktor verglichen. Die untere Bildreihe zeigt den untersten Abschnitt des Reaktors. Im Bild ist der Hahn des Sumpfaustrages erkennbar. In der oberen Bildreihe im ersten Bild ist die unvollständige Vermischung durch die Trübung erkennbar. Das nächste Bild ist nach zwei Minuten aufgenommen worden. Erst auf dem dritten Bild nach etwa 45 Minuten ist eine vollständige Vermischung erkennbar. In der unteren Bildreihe ist die unvollständige Vermischung durch die

Zweiphasigkeit des Systems erkennbar, die nach etwa 15 Minuten verschwunden ist. Die Miniplantanlage benötigt verglichen mit dem Laboraufbau etwa ein Drittel der Zeit für die Erstvermischung des Katalysators.

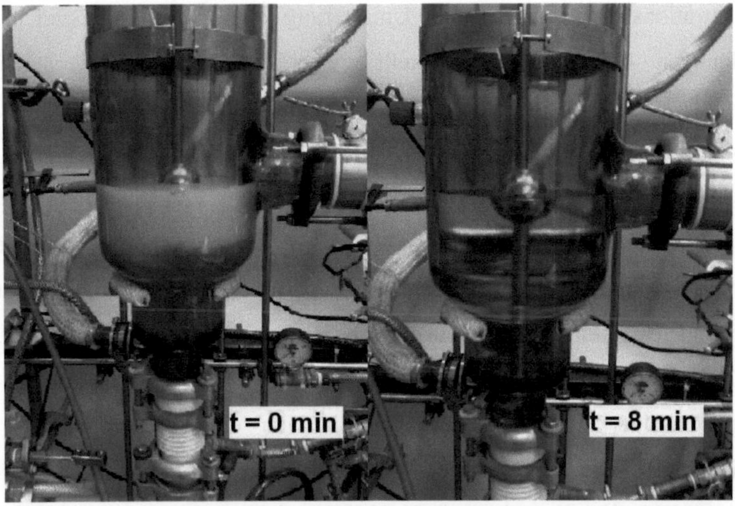

Abbildung 4-1: Mischungsvorgang von MIMBS-HSO_4 im Miniplantreaktor.

Abbildung 4-2: Mischungsvorgang von EMIM-HSO_4 im Rundkolben (oben) und im Miniplantreaktor (unten).

Die Reaktion wurde in den Miniplantversuchen bei Atmosphärendruck und der Siedetemperatur der Reaktionsmischung von etwa 79 °C durchgeführt. Der Verdampfer wurde mit einer Ölvorlauftemperatur von 110 °C und der doppelwandige Brüdenabscheider auf 79 °C thermostatisiert. Die Konzentrationsverläufe der an der Umesterung beteiligten Stoffe sind in den Abbildungen 4-3 und 4-4 dargestellt, wobei Abbildung 4-3 die stoffliche Zusammensetzung des Destillates und Abbildung 4-4 des Sumpfproduktes zeigt. Als Katalysatoren dienten in diesem Fall EMIM-HSO_4 und MIMBS-HSO_4, so dass analog zu den Versuchen im Labormaßstab ein Vergleich dieser beiden Katalysatoren möglich ist. Die in den Versuchen im Labormaßstab gewonnenen Ergebnisse konnte in der Miniplantanlage bestätigt werden. Im Destillat ist erwartungsgemäß eine Anreicherung der beiden Leichtsieder zu beobachten, die bei 77 °C (Ethylacetat) und 78 °C (Ethanol) sieden. Im Falle des Ethanol ist dies ein gewünschter Effekt, da es sich hier um ein Produkt handelt, die Anreicherung des Eduktes Ethylacetat ist nicht gewünscht. Die Gleichgewichtseinstellung ist nach 200 Minuten beendet und damit schneller als im Labormaßstab.

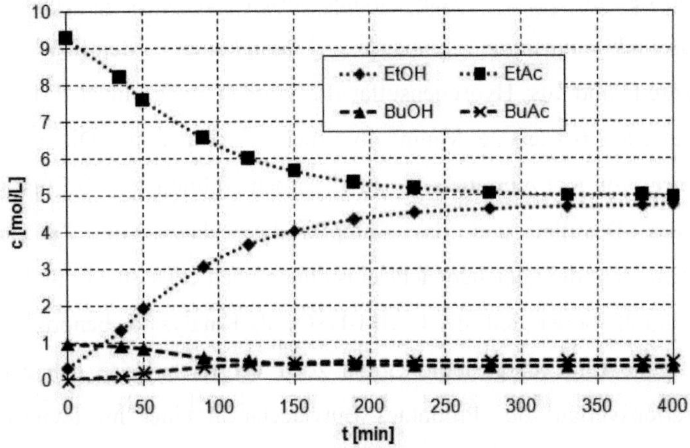

Abbildung 4-3: Verlauf der Destillatzusammensetzung einer diskontinuierlich betriebenen Umesterung im Miniplantreaktor (EMIM-HSO_4, T = 79 °C, p = 1 bar, c_{Kat} = 5 %).

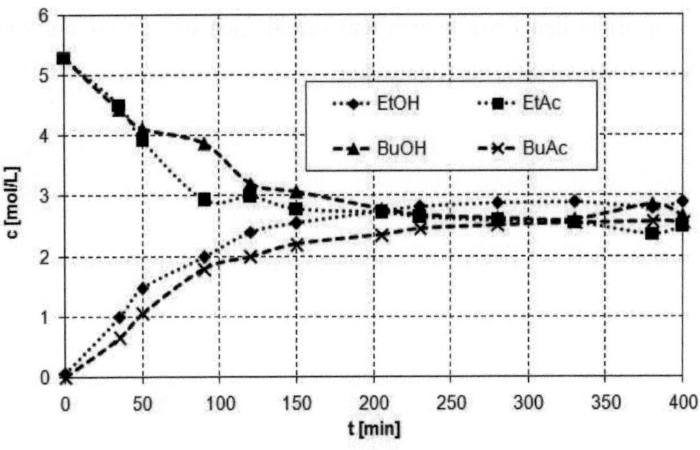

Abbildung 4-4: Verlauf der Sumpfzusammensetzung einer diskontinuierlich betriebenen Umesterung im Miniplantreaktor (EMIM-HSO_4, T = 79 °C, p = 1 bar, c_{Kat} = 5 %).

Da sich in den im Labormaßstab durchgeführten Versuchen gezeigt hat, dass sulfonsäurefunktionalisierte ionische Flüssigkeiten deutlich bessere Katalysatoren sind als Hydrogensulfat-IL, wurden auch mit MIMBS-HSO_4 diskontinuierlich betriebene Miniplantversuche durchgeführt. Die Ergebnisse sind in Form von Konzentrationsverläufen in den Abbildungen 4-5 und 4-6 für jeweils das Destillat und das Sumpfprodukt dargestellt. Zunächst ist festzustellen, dass die Gleichgewichtseinstellung nach etwa 30 Minuten beendet ist. Das sind 25 % der Zeit, die EMIM-HSO_4 als Katalysator benötigt. Der als durchgezogene Linie dargestellte Graph zeigt vergleichsweise den zeitlichen Konzentrationsverlauf des Produktes Butylacetat in einer im Labormaßstab durchgeführten Umesterung bei Siedebedingungen. Die Tendenz und die Befunde der Umesterungsversuche mit MIMBS-HSO_4 im Labormaßstab können somit ebenfalls im für industrielle Verfahren repräsentativen Maßstab bestätigt werden. Die Anreicherung des Destillates mit den Leichtsiedern Ethylacetat und Ethanol entspricht den Erwartungen und verhält sich wie im vorangegangenen Versuch mit EMIM-HSO_4 als Katalysator.

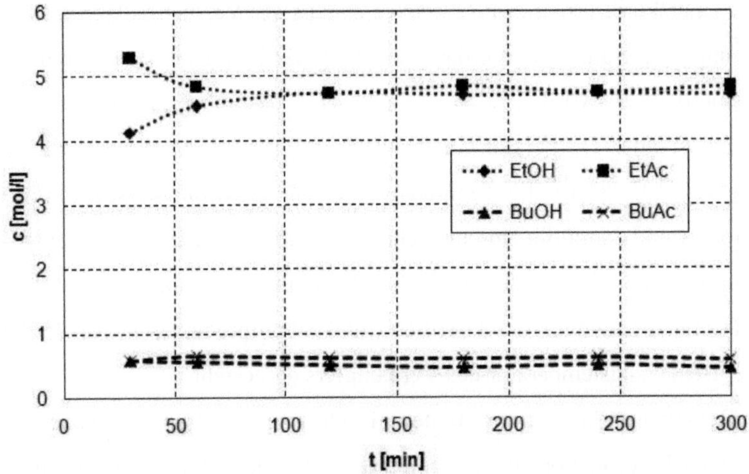

Abbildung 4-5: Verlauf der Destillatzusammensetzung einer diskontinuierlich betriebenen Umesterung im Miniplantreaktor (MIMBS–HSO_4, T = 79 °C, p = 1 bar, c_{Kat} = 2,5 %).

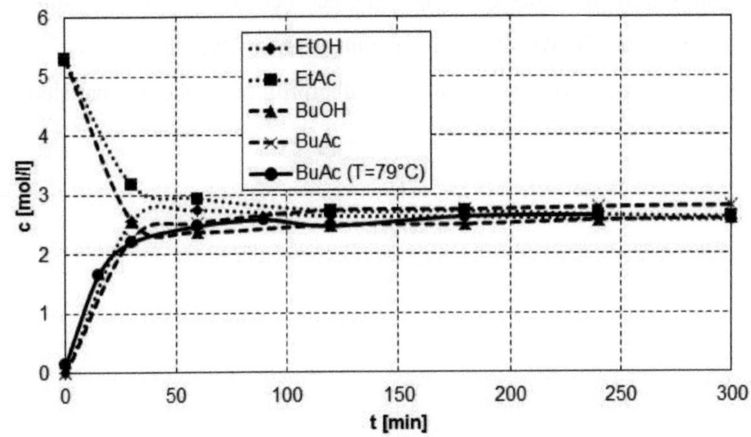

Abbildung 4-6: Verlauf der Sumpfzusammensetzung einer diskontinuierlich betriebenen Umesterung im Miniplantreaktor (MIMBS-HSO_4, T = 79 °C, p = 1 bar, c_{Kat} = 2,5 %).

Für die Charakterisierung des Betriebsverhaltens der Versuchsanlage wurde die Beheizungstemperatur des Verdampferrohres variiert. Die obere Grenze des Temperaturbereichs wird dabei vom Katalysator bestimmt, da bekannt ist, dass dieser bis zu einer Temperatur von mindestens 120 °C beständig ist. Die untere Grenze von 105 °C ist die Temperatur, bei der der Umlaufstrom durch den Verdampfer und damit die Durchmischung des Reaktors noch anhält. Unterhalb der Temperatur kollabiert dieser. In den Abbildungen 4-7 und 4-8 werden die Stoffzusammensetzungen des Destillates und Sumpfproduktes in Abhängigkeit von der Beheizungstemperatur des Verdampfers dargestellt.

Eine Reaktivdestillation mit reinen Produktaustragsströmen bedarf einer apparativen Modifikation, da sowohl unter den beiden Leichtsiedern als auch unter den beiden Schwersiedern jeweils ein Edukt und ein Produkt zu finden ist. Zudem ist in einer einstufigen Destillation unter keinen Umständen eine zufriedenstellende Produktanreicherung in den Ausgangsströmen zu erreichen. Ein Lösungsansatz kann der Übergang zu einer mehrstufigen Rektifikation sein, in der es definierte katalytische und Trennungszonen gibt. Dieser Ansatz wird in Kapitel 8 auf dessen Erfolgsaussichten hin überprüft und näher thematisiert.

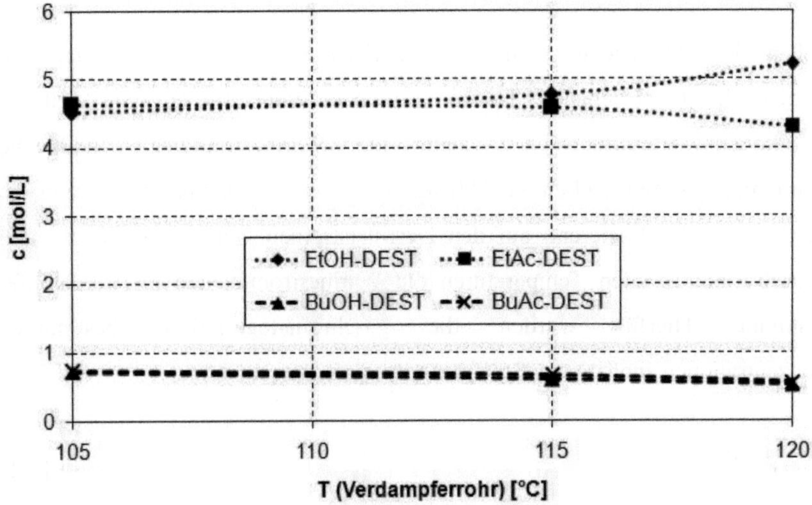

Abbildung 4-7: Destillatzusammensetzung in Abhängigkeit von der Beheizungstemperatur im Vordampferrohr.

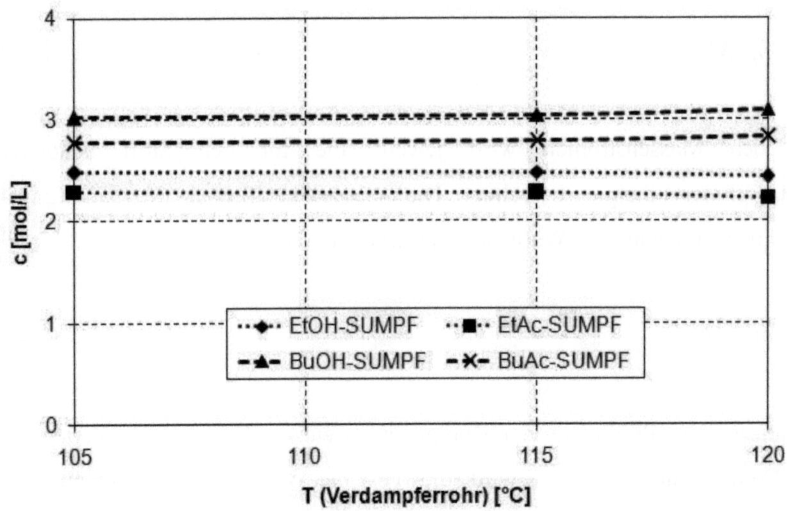

Abbildung 4-8: Sumpfproduktzusammensetzung in Abhängigkeit von der Beheizungstemperatur des Verdampferrohres.

4.2 Technische Charakterisierung und Betriebsverhalten des Miniplantreaktors

Neben der Untersuchung und Charakterisierung der Umesterungsreaktion wurden die beschriebenen Temperaturgrenzen von 100 °C und 120 °C eingehalten. Abbildung 4-9 zeigt die Wärmestromdichte und die Rohreinlaufgeschwindigkeit in Abhängigkeit von der Öleinlauftemperatur im Verdampferrohr. Basierend auf den Destillatströmen wurden für die für den Betrieb interessanten Temperaturen die Wärmestromdichten im Verdampfer bestimmt. Hierfür wurden die gaschromatographisch bestimmten Konzentrationen zunächst in Stoffmengenströme umgerechnet.

$$\dot{n}_i = c_i \cdot \dot{V}_{Destillat} \qquad [4\text{-}1]$$

Die Stoffmengenströme wurden in Massenströme umgerechnet. Die Molmassen sind dem VDI Wärmeatlas [132] entnommen.

$$\dot{m}_i = \dot{n}_i \cdot M_i \qquad [4\text{-}2]$$

Aus den Massenströmen wird jeweils die für den Stoff benötigte Verdampfungsenthalpie berechnet Die massenspezifischen Verdampfungs-enthalpien sind dem VDI Wärmeatlas [132] entnommen.

$$\dot{Q}_i = \dot{m}_i \cdot \Delta h_v \qquad [4\text{-}3]$$

Aus diesen jeweils für die vier Komponenten einzeln berechneten Werten für die Verdampfungsenthalpie wird die gesamte Verdampfungsenthalpie des Destillatstromes berechnet.

$$\dot{Q}_{ges} = \sum \dot{Q}_i \qquad [4\text{-}4]$$

Da angenommen wird, dass die Verdampfungsenthalpie des Destillates der durch das Verdampferrohr eingetragenen Energie entspricht, wird aus dieser und der äußeren Fläche des Verdampferrohres die Wärmestromdichte berechnet.

$$\dot{q} = \frac{\dot{Q}}{A} \qquad [4\text{-}5]$$

Die Vermischung des Reaktors wird durch den Umlaufstrom zum Naturumlaufverdampfer realisiert. Dieser wurde mit einem Coriolis Durchflussmesser gemessen. Ferner ist ein konstanter Umlaufstrom ein Indikator für einen stationären Betriebszustand im Reaktor. Bei einer Beheizungstemperatur im Verdampferrohr von 100 °C stellt sich ein Umlaufstrom von 280 L h^{-1} ein. Bei einem Reaktorvolumen von 3 L wird der Naturumlaufverdampfer stündlich 93 mal vom gesamten Reaktorvolumen durchströmt. Anders ausgedrückt durchströmt ein Reaktorvolumen den Naturumlaufverdampfer in 40 Sekunden. Weiterhin trägt das Blasensieden im Verdampferrohr zur Durchmischung bei. Dieses durch Umlaufstrom und Sieden bedingte Durchmischungsverhalten führt zu einer ausgeprägten Rührkesselcharakteristik des Reaktors.

Die Geschwindigkeit des Umlaufstromes im Verdampferrohr wurde jeweils für die unterschiedliche Öleinlaufgeschwindigkeit im Verdampferrohr berechnet. Grundlage dafür sind die Werte für den Volumenstrom des Umlaufes im Reaktor, die direkt durch den Durchflussmesser bestimmt werden und die freie Querschnittsfläche des Verdampferrohres.

$$w_{VR} = \frac{\dot{V}}{A_q} \qquad [4\text{-}6]$$

Tabelle 4-1 fasst die fluiddynamischen und wärmetechnischen Parameter der Miniplantanlage zusammen. Die Einlaufgeschwindigkeit w_{VR} von 0,22 m s^{-1} liegt am unteren Ende des für Naturumlaufverdampfer typischen Bereiches von 0,2 bis 0,6 m s^{-1} [110]. Für die Berechnung der Reynoldszahlen wurde eine mittlere Viskosität des Vierstoffgemisches von 3,45 mPa s^{-1} angenommen. Mit Ausnahme von 105 °C ist die Strömung bei allen Öleinlauftemperaturen im Verdampferrohr ausgeprägt turbulent. Während die Variation der Beheizungstemperatur des Verdampferrohres nicht für eine gewünschte Produktanreicherung genutzt werden kann, kann hier festgestellt werden, dass die Vermischungseigenschaften innerhalb definierter Grenzen eingestellt werden können. Die obere Temperaturgrenze wird dabei durch die thermische Belastbarkeit der verwendeten Stoffe definiert, die untere dagegen durch die Stabilität des Umlaufstromes. Spezielle Untersuchungen zu den Betriebsgrenzen und deren Beeinflussung an Naturumlaufverdampfern wurden von Hammerschmidt durchgeführt [55].

Tabelle 4-1: Fluiddynamische und Wärmestromparameter.

$\mathbf{T_{Öl,ein}}$ **[°C]**	**105**	**110**	**115**	**120**
$\dot{m}_{Dest}$ [kg h^{-1}]	0,14	0,5	1,4	2,4
$\dot{q}$ [kW m^{-2}]	0,3	1,0	2,7	4,8
$\dot{V}_{um}$ [m^3 h^{-1}]	0,005	0,28	0,38	0,46
$w_{VR,ein}$ [m s^{-1}]	0,004	0,22	0,3	0,37
$\frac{\dot{V}_{um}}{V_R}$ [h^{-1}]	1,6	93	126	153
$Re_{VR,ein}$ [-]	210	11583	15795	19481

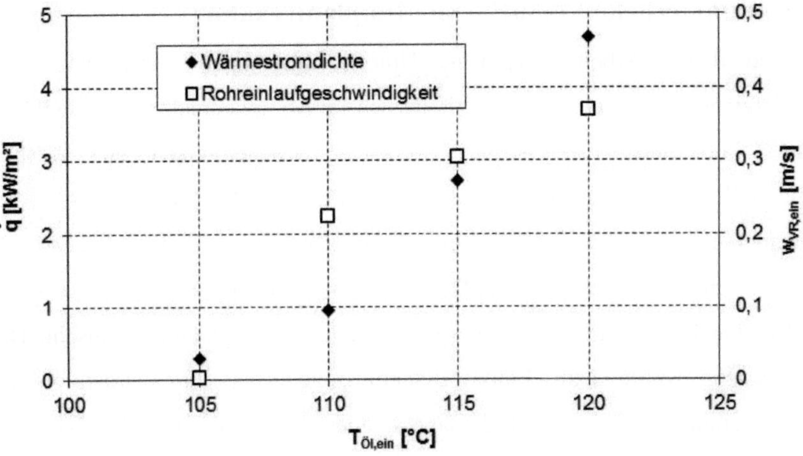

Abbildung 4-9: Wärmestromdichte $\dot{q} = \dot{Q}/A$ und Rohreinlaufgeschwindigkeit $w_{VR,ein}$ in Abhängigkeit von der Öleinlauftemperatur.

5. Kontinuierliche Versuche im Miniplantreaktor

Die in dieser Arbeit untersuchte Umesterungsreaktion wurde nach den erfolgreichen Batchversuchen kontinuierlich im Miniplantreaktor durchgeführt. Die Zulauf- und Austragsströme wurden mit Dosierpumpen und Waagen eingestellt und kontrolliert. Hierbei wurde zunächst die Reaktion im Batchmodus bis zur Gleichgewichtseinstellung und anschließend in kontinuierlicher Weise betrieben. Die Edukte wurden über jeweils einen eigenen Zulauf bei Raumtemperatur eingespeist und in der Apparatur vermischt. Der Katalysator wurde dem Edukt Butanol zugemischt. Es wurden mittels Dosierpumpen definierte Feedströme eingestellt, siehe Tabelle 5-1. Der Destillatstrom stellt sich in Abhängigkeit von der Öleinlauftemperatur des Verdampferrohres ein. Der Sumpfabzug wurde so eingestellt, dass die Summe aus Destillatstrom und Sumpfaustrag der Summe der beiden Feedströme entsprach. Abbildungen 5-1 und 5-2 zeigen jeweils die stoffliche Zusammensetzung des Sumpfproduktaustrags und des Destillataustrags einer kontinuierlich betriebenen Umesterung mit EMIM-HSO_4 als Katalysator. Ein stationärer Zustand kann am konstanten Umlaufstrom am Durchflussmesser und an einem kontinuierlichen Destillatstrom festgestellt werden. Die stoffliche Zusammensetzung wird nach der Probennahme gaschromatographisch bestimmt. Bei einem Molenstromverhältnis der Edukte Butanol zu Ethylacetat von 1 zu 1,75 und einem Gesamtvolumenstrom von 1,1 L h^{-1} (950 kg m^{-3}) hat sich ein stationärer Zustand eingestellt. Da diskontinuierliche Umesterungsversuche mit gleichem Moleinsatzverhältnis eine gleiche Stoffzusammensetzung ergeben, ist von einem chemischen Gleichgewicht in der kontinuierlichen Reaktion auszugehen. Für die mittlere Verweilzeit $\bar{\tau}$ eines kontinuierlich durchströmten Rührkessels mit dem Volumen V_R gilt:

$$\bar{\tau} = \frac{V_R}{\dot{V}} \qquad [5\text{-}1]$$

Der Volumenstrom von 1,1 L h^{-1} entspricht gemäß oben genannter Gleichung bei einem Reaktorvolumen von drei Litern einer mittleren Verweilzeit von 2,7 Stunden.

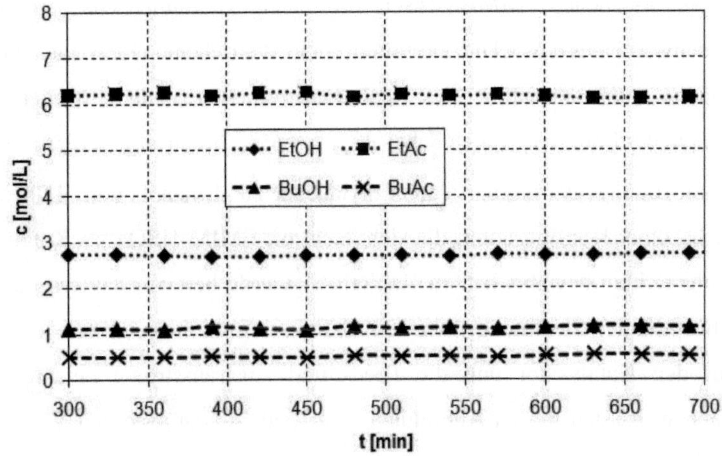

Abbildung 5-1: Zusammensetzung des Destillates einer kontinuierlich betriebenen Umesterung nach Erreichen des stationären Zustandes: EMIM – HSO_4 , T = 79 °C, p = 1 bar, c_{Kat} = 2,5 %.

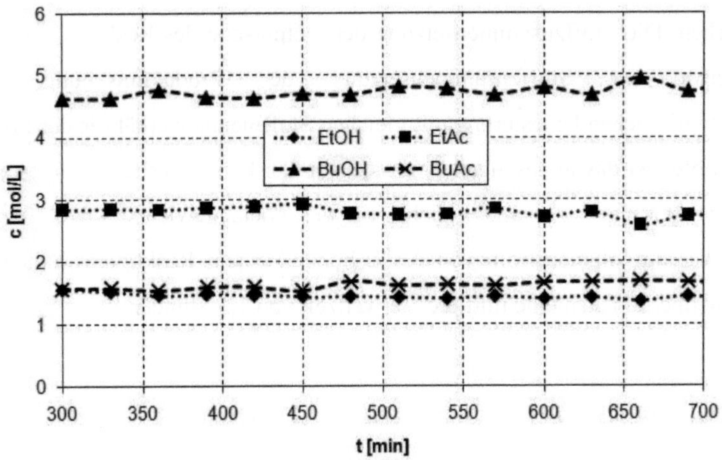

Abbildung 5-2: Zusammensetzung des Sumpfproduktes in einer kontinuierlichen Umesterung nach Erreichen des stationären Zustandes: EMIM – HSO_4, T = 79 °C, p = 1 bar, c_{Kat} = 2,5 %.

Da in den diskontinuierlichen Umesterungsversuchen im Labor- und Miniplantmaßstab die sulfonsäurefunktionalisierten ionischen Flüssigkeiten sich als deutlich leistungsfähiger als EMIM-HSO_4 erwiesen haben, wurde in den folgenden Versuchen BIMBS-HSO_4 in einer kontinuierlich betriebenen Umesterung eingesetzt. Die kontinuierlich betriebene Reaktion konnte erfolgreich unter Variation des Volumenstromes realisiert werden. Die Feedströme der Edukte betrugen dabei $\dot{m}_{BuOH} = 0{,}65 kg/h$ und $\dot{m}_{EtAc} = 1{,}35 kg/h$, was einem Stoffmengenverhältnis von Ethylacetat zu Butanol von 1,75 zu 1 entspricht, einer Konfiguration, die sich auch mit EMIM-HSO4 als Katalysator am erfolgreichten bewährt hat. In Kapitel 3.1 wurde bereits erläutert, dass der Bereich optimaler Stoffmengeneinsatzverhältnisse zwischen 3:1 und 1:3 liegt. Bis auf den Katalysator und die Feed- und Austragsströme entsprach die Vorgehensweise den in den Abbildungen 5-1 und 5-2 dargestellten Versuchen. Die Abbildungen 5-3 und 5-4 zeigen die Stoffmengenzusammensetzungen jeweils des Sumpf- und Destillatproduktes während der kontinuierlichen Betriebsphase. Auch diese Reaktion wurde bezüglich ihrer Stoffzusammensetzung mit einer analogen diskontinuierlichen Reaktion verglichen. Die Stoffzusammensetzung der Outputseite des Reaktors entspricht in etwa der Stoffzusammensetzung der Produktmischung einer diskontinuierlichen Umesterung mit gleichen Stoffmengenverhältnis der Edukte. Demzufolge ist davon auszugehen, dass der in der kontinuierlichen Umesterung erreichte stationäre Zustand gleichzeitig der Gleichgewichtszustand ist. Bei einem Gesamtvolumenstrom von 2,3 L h^{-1} und einem Reaktionsvolumen von drei Litern ergibt sich eine mittlere Verweilzeit von 1,3 Stunden.

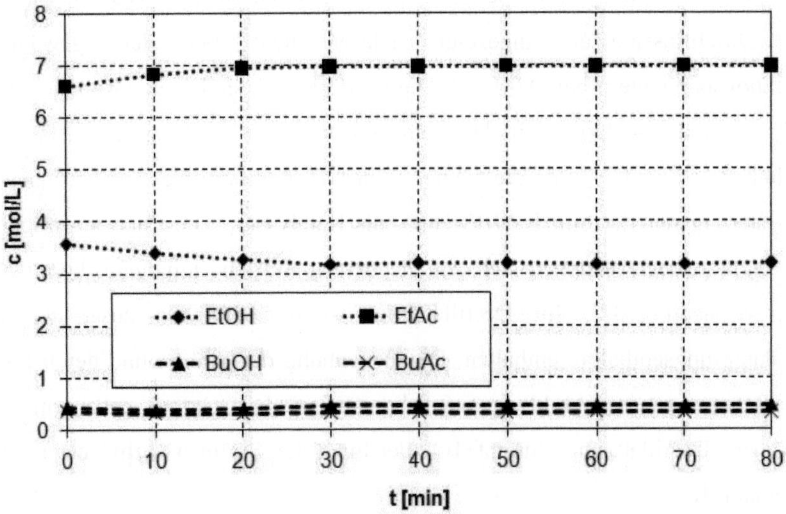

Abbildung 5-3: Zusammensetzung des Destillates einer kontinuierlichen Umesterung nach Erreichen des stationären Zustandes: BIMBS-HSO_4, T = 79 °C, p = 1 bar, c_{Kat} = 2,5 %.

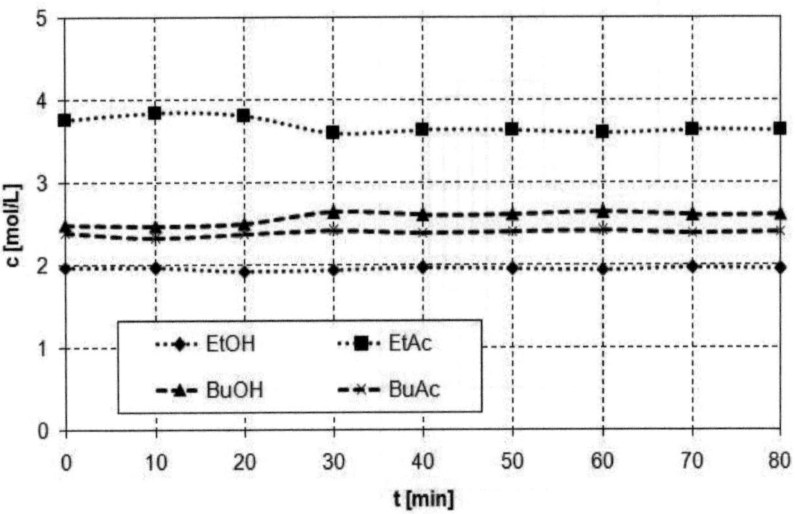

Abbildung 5-4: Zusammensetzung des Sumpfproduktes einer kontinuierlichen Umesterung nach Erreichen des stationären Zustandes: BIMBS-HSO_4, T = 79 °C, p = 1 bar, c_{Kat} = 2,5 %.

Der stationäre fluiddynamische Zustand wurde durch einen konstanten Umlauf im Durchflussmesser angezeigt. Dieser liegt bei den gewählten Reaktionsparametern bei 280 L h^{-1}. Die Stoffbilanzen sind in den Tabellen 5-1, 5-2, 5-3 und 5-4 dargestellt. Die Tabellen enthalten Stoffmengen-, Massen-, Volumen- und Energieströme der kontinuierlich betriebenen Umesterungsreaktion mit BIMBS-HSO_4 als Katalysator. Die Energiebeträge in den Stoffströmen beziehen sich auf die in den Stoffen enthaltene thermische Energie nach [132]. Im Destillatstrom ist darüberhinaus zusätzlich die Verdampfungsenthalpie enthalten. Die Benennung der Ströme und deren Lage am Reaktor ist in Abbildung 5-5 schematisiert. Der Output entspricht den Strömen „Destillat" und „Sumpf+IL", der Input den Strömen „Ethylacetat" und „Butanol+IL".

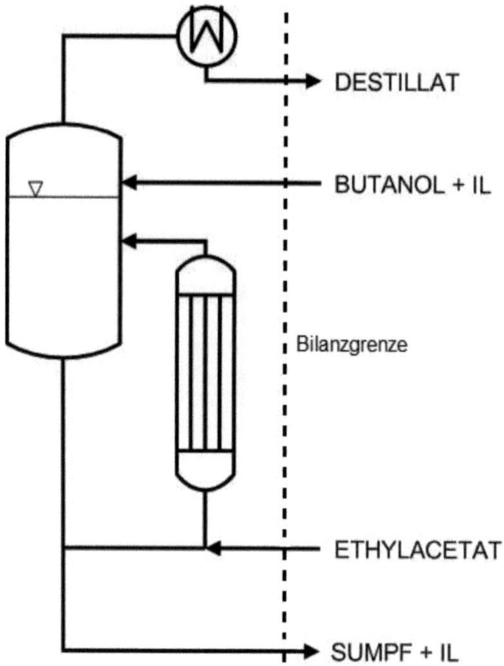

Abbildung 5-5: Schema der kontinuierlich betriebenen Umesterung mit allen Stoffströmen.

Die Wärmestromdichte am Verdampferrohr wird bestimmt, indem zunächst die Verdampfungsenthalpie des Destillates und die thermische Energie aller Stoffe bestimmt wurden. Der Wärmestrom zur Verdampfung des Destillates wurde aus den Werten für die massenspezifische Verdampfungsenthalpie [132] und den Massenströmen der einzelnen Komponenten bestimmt.

$$\dot{Q}_{verd} = \sum \Delta h_{v,i} \cdot \dot{m}_i \qquad [5\text{-}2]$$

Die thermische Energie wurde aus den Werten der Wärmekapazität [132] und den Massenströmen der Komponenten sowie der Temperatur des Stromes berechnet.

$$\dot{Q}_{Strom} = \dot{m}_i \cdot c_{p,i} \cdot \Delta T_{Strom} \qquad [5\text{-}3]$$

Dabei wurde analog zu Kapitel 4.2 vorgegangen. Basierend auf der Bilanzgrenze in Abbildung 5-5 entspricht der Wärmestrom im Verdampferrohr

$$\dot{Q}_{VR} = \dot{Q}_{verd} + \dot{Q}_{Destillat} + \dot{Q}_{Sumpf} - \dot{Q}_{Input} . \qquad [5\text{-}4]$$

Die durch das Verdampferrohr auszugleichende Energiedifferenz beträgt 78 W. Bei einer Wärmeübertragungsoberfläche von 0,028 m² ergibt sich eine Wärmestromdichte von 1246 W/m². Wird nur die Verdampfungsenthalpie des Destillates berücksichtigt, ergibt sich ein Wert von 962 W m^{-2}. Der Wert ist mit den Ergebnissen der diskontinuierlichen Versuche vergleichbar. Die Strömungsgeschwindigkeit im Verdampferrohr von 0,224 m s^{-1} entspricht ebenfalls dem in den analogen Batchversuchen bestimmten Wert.

Tabelle 5-1: Stoffmengen-, Massen-, Volumen- und Energiebilanz der Inputseite.

INPUT	$\dot{n}$ [mol h^{-1}]	$\dot{m}$ [kg h^{-1}]	$\dot{V}$ [L h^{-1}]	$\dot{Q}$ [kW]
Ethylacetat	15,32	1,35	1,5	0,267
Butanol	8,77	0,65	0,8	0,204
Summe ohneIL	24,09	2,0	2,3	0,472
IL	0,6	0,18	0,12	-
Summe mit IL	24,69	2,18	2,42	-

Tabelle 5-2: Stoff- und Energiebilanz der Outputseite.

SUMPF	c [mol L^{-1}]	$\dot{n}$ [mol h^{-1}]	$\dot{m}$ [kg h^{-1}]	$\dot{V}$ [L h^{-1}]	$\dot{Q}$ [kW]
Ethanol	2,0	3,4	0,156	-	0,05
Ethylacetat	3,6	6,12	0,539	-	0,107
Butanol	2,6	4,42	0,345	-	0,109
Butylacetat	2,5	4,25	0,493	-	0,112
Summe ohne IL	10,7	18,19	1,533	1,8	0,377
IL	-	0,6	0,18	-	-
Summe mit IL	-	18,79	1,713	-	-

Tabelle 5-3: Stoff- und Energiebilanz des Destillataustrages.

DESTILLAT	c [mol L^{-1}]	$\dot{n}$ [mol h^{-1}]	$\dot{m}$ [kg h^{-1}]	$\dot{V}$ [L h^{-1}]	$\dot{Q}$ [kW]
Ethanol	3,2	1,9	0,09	-	0,049
Ethylacetat	7	4,2	0,37	-	0,109
Butanol	0,4	0,24	0,018	-	0,0087
Butylacetat	0,3	0,18	0,02	-	0,0058
Summe ohne IL	10,9	6,52	0,498	0,6	0,172

Tabelle 5-4: Stoff- und Energiebilanz des Sumpfaustrages.

OUTPUT	$\dot{n}$ [mol h^{-1}]	$\dot{m}$ [kg h^{-1}]	$\dot{V}$ [L h^{-1}]	$\dot{Q}$ [kW]
Ethanol	5,3	0,246	-	0,099
Ethylacetat	10,32	0,909	-	0,215
Butanol	4,66	0,363	-	0,117
Butylacetat	4,43	0,513	-	0,118
Summe ohne IL	24,71	2,031	2,3	0,549
IL	0,6	0,18	0,12	-
Summe mit IL	25,31	2,211	2,42	-

Wie in den diskontinuierlichen Versuchen kann auch hier keine vollständige reaktionsintegrierte Produktauftrennung erzielt werden. Es werden nur Anreicherungen von Leichtsiedern im Destillat und von Schwersiedern im Sumpfprodukt erreicht. Zudem sind aufgrund der im Sumpfprodukt ausgeschleusten katalytisch aktiven ionischen Flüssigkeit ein zweiter Verdampfer und ein Recyclingstrom nötig. Weitere Entwicklungsrichtungen für den kontinuierlichen Betrieb dieser Reaktion müssen auf eine Erhöhung der Anzahl der Trennstufen abzielen. Weitere Perspektiven und Möglichkeiten in diese Entwicklungsrichtung werden in Kapitel 8 diskutiert. Die notwendige mittlere Verweilzeit des Reaktionsgemisches konnte durch die Verwendung von BIMBS-HSO_4 von etwa 150 auf 75 Minuten halbiert werden. Das Reaktionsgleichgewicht wird in 15 – 30 Minuten erreicht, siehe Kapitel 4. Damit entspricht die für einen stationären Betrieb notwendige mittlere Verweilzeit der Reaktion etwa dem 3-5 fachen der für die Gleichgewichtseinstellung in diskontinuierlicher Fahrweise notwendigen Zeit. Das entspricht dem erwarteten Verhalten eines Rührkessels und ist ebenfalls ein Hinweis auf die vorteilhaften Mischungseigenschaften des Reaktors. Weiteres Optimierungspotential besteht in der Variation des Verhältnisses von Sumpf und Destillat. Eine solche Parametervariation würde eine Variation der

Öleinlauftemperatur im Verdampferrohr erfordern. Diese ist jedoch nur eingeschränkt variierbar, da die Stabilität des Umlaufstromes auf der einen und die Stabilität des Katalysators auf der anderen Seite begrenzende Faktoren sind. Die mittlere Verweilzeit sollte optimalerweise so eingestellt werden, dass sich das chemische Gleichgewicht einstellt. Dieser Punkt kann in einem kontinuierlichen Reaktionsversuch ermittelt werden, in dem der Volumenstrom bei konstantem Reaktionsvolumen stufenweise gesteigert wird bis bei Erreichen des stationären Zustandes das Gleichgewicht nicht mehr erreicht wird. Im vorliegenden Beispiel war dies bei 2,7 Stunden der Fall, siehe Abbildung 5-6.

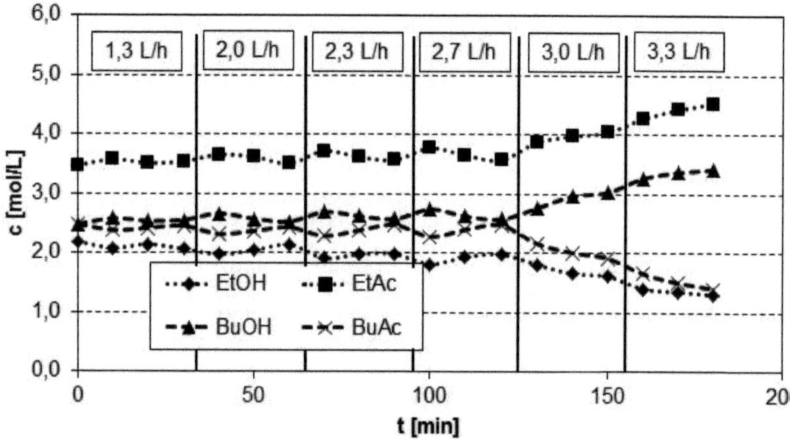

Abbildung 5-6: Zusammensetzung des Sumpfproduktes für eine kontinuierliche Umesterung mit BIMBS-HSO_4 als Katalysator und stufenweiser Variation des Volumenstromes.

6. Katalysatorrecycling

Im Rahmen der Forschungsarbeiten wurde der verwendete IL Katalysator auf Rezyklierbarkeit untersucht. In den meisten technischen Anwendungen hängt die ökonomische und ökologische Sinnhaftigkeit eines Verfahrens neben den vorteilhaften Eigenschaften der IL von deren Rezyklierbarkeit ab. Die Herstellung ionischer Flüssigkeiten ist durch deren Aufarbeitung nach der Synthese relativ aufwändig. Weiterhin liegen die Kosten für ionische Flüssigkeiten in der Regel zwischen 100 – 1000 €/L und werden sich bei etwa 50 €/L einpendeln, wenn diese in größerem Maßstab hergestellt werden [145]. Im vorliegenden Modellverfahren ist die Rezyklierfähigkeit für die ökologische und ökonomische Machbarkeit des Verfahrens essentiell. Dies wird in den Kapiteln 7 und 8 quantifiziert.

Die Wiedergewinnung des Katalysators erfolgt durch Verdampfen der übrigen Komponenten, in diesem Fall der Reaktionspartner. Die Verdampfung erfolgte in den im Labormaßstab durchgeführten Versuchen bei einer Temperatur von 110 °C und einem Druck von 30 mbar. Für die Betrachtung der Anzahl der Recyclingzyklen des Katalysators entspricht damit eine Betriebsstunde in der Reaktion eine Betriebsstunde bei der Wiedergewinnung, da auch die Ölvorlauftemperatur des Reaktors 110 °C betrug. Geringere Temperaturen oder höhere Drücke würden den für die Wiederaufbereitung benötigten Zeitaufwand erhöhen, damit die nötige Betriebszeit pro Verwendungszyklus erhöhen und die Anzahl der möglichen Recyclingzyklen verringern. In einem Fallfilmverdampfer ist der Wiederaufbereitungsprozess der IL unter milderen Bedingungen möglich, siehe unten. Die Verdampfung wurde in einem Rundkolben mit Destillationsbrücke, Ölbad und Vakuumpumpe durchgeführt. Es hat sich als vorteilhaft erwiesen, den IL Katalysator nach Ausschleusen aus dem Reaktor nicht vollständig auf die ursprüngliche Konzentration wieder aufzukonzentrieren. Das Rezyklat enthielt etwa 50 vol-% IL und 50 vol-% restliche Reaktionsmischung. Dadurch ist weniger Aufwand für das Recycling notwendig und der Katalysator lässt sich bei der Wiederverwendung leichter wieder in das Reaktionssystem einschleusen, da er schon vorvermischt ist. Bei einer Konzentration von 50 vol-% IL ist die Mischung aus IL, Alkoholen und Estern problemlos zu lagern, zu pumpen und umzufüllen. Sind die Konzentrationen höher, lagert sich IL an Behälter und Rohrwänden an.

Der zurückgewonnene Katalysator wurde in weiteren Umesterungsreaktionen eingesetzt und die katalytische Leistung mit der der ersten Verwendung verglichen. Zwischen diesen Umesterungsversuchen wurde das Rezyklat für jeweils eine definierte Zeit unter Reaktions- und Recyclingbedingungen behandelt, um die Anzahl der in den Versuchen berücksichtigten Betriebsstunden zu erhöhen. Schließlich wurde der Katalysator MIMBS-HSO_4 nach 1000 Stunden kumulierter chemischer und thermischer Belastung unter Betriebsbedingungen wieder eingesetzt. Die katalytische Leistung entsprach der des frischen Katalysators, siehe Abbildung 6-1.

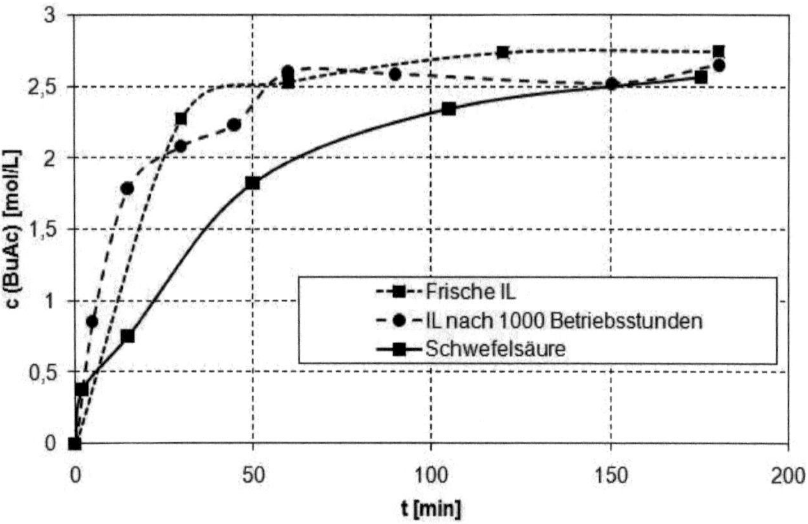

Abbildung 6-1: Produktbildungskurve der Umesterung mit frischem und rezykliertem IL-Katalysator im Vergleich mit Schwefelsäure: T = 70 °C, p = 1 bar, c_{Kat} = 2,5 %.

In der technischen Anwendung können ionische Flüssigkeiten mittels Fallfilmverdampfung gereinigt werden [146]. In kontinuierlichen Umesterungsversuchen im Miniplantmaßstab wurde eine notwendige mittlere Verweilzeit von 1,3 Stunden für die Reaktion ermittelt. Um die technisch notwendige Zeit für den Recyclingvorgang zu bestimmen, wurde einer äquimolaren Mischung aus Ethanol, Ethylacetat, Butanol und Butylacetat die IL MIMBS-HSO_4 zugefügt, so dass ihr Anteil 5 mol % an der gesamten Mischung betrug. In einem Fallfilmverdampfer, der in [146] beschrieben ist, wurden die Alkohole und Ester in diskontiuierlicher Betriebsweise entfernt. Die maximale Temperatur betrug dabei 80 °C, der Druck 40 mbar. Abbildung 6-2 zeigt, dass nach etwa 45 Minuten die zugegebenen 2,5 kg Reaktionsmischung wieder entfernt wurden. Das Diagramm zeigt die Masse des rückgewonnenen Kondensates in Abhängigkeit von der Zeit. Abbildung 6-3 zeigt die Titrationsergebnisse der frischen IL (VORHER) und der zunächst auf 2,5 mol-% verdünnten und durch Fallfilmverdampfung wiedergewonnenen IL (NACHHER). Der Verbrauch an Titrationslösung und damit sowohl Acidität und Katalysatorgehalt der Proben sind nahezu identisch. Ein Zyklus aus Reaktion und Recycling beansprucht den IL Katalysator für etwa zwei Stunden. Demzufolge entsprechen die bisher nachgewiesene mögliche Einsatzdauer der IL von 1000 Stunden rund 500 Verwendungszyklen.

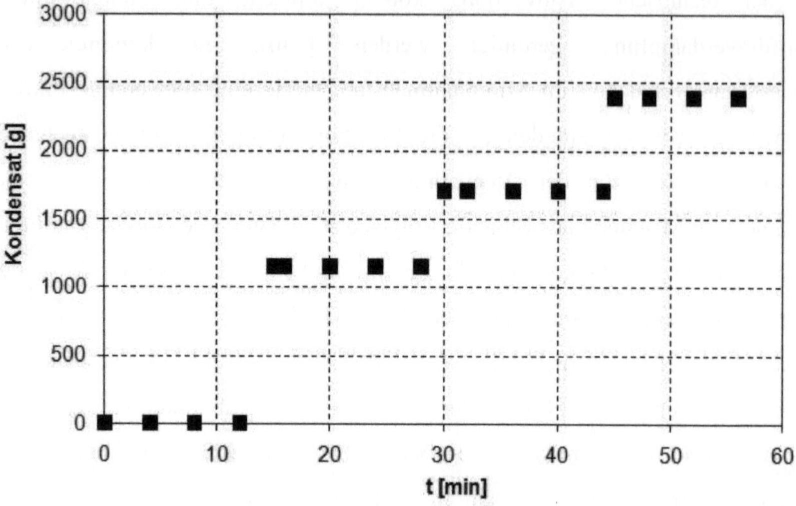

Abbildung 6-2: Kondensatbildung beim IL Recycling im Fallfilmverdampfer. Nach 45 Minuten ist die IL rezykliert.

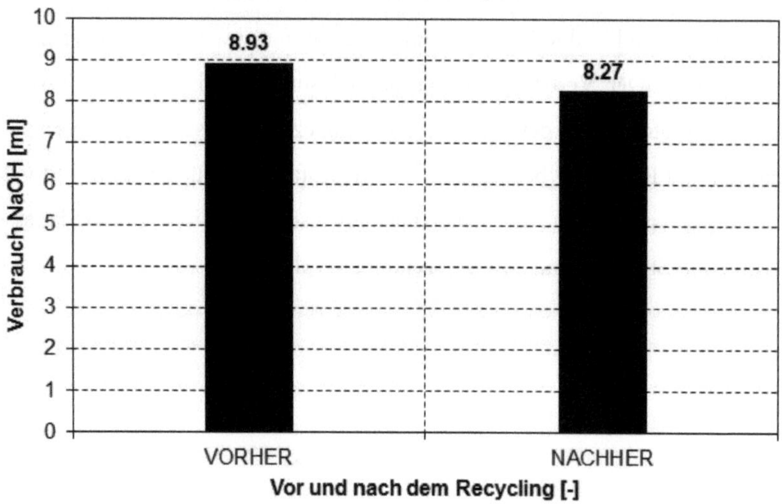

Abbildung 6-3: Titrationsdaten der Reaktionsmischung vor und nach dem Rezykliervorgang im Fallfilmverdampfer.

BIMBS-HSO_4 wurde wie oben beschrieben nach dem ersten Einsatz in einer kontinuierlich betriebenen Umesterung im Labormaßstab rezykliert und anschließend bei 110 °C in Gegenwart der im Katalysator verbliebenen Reaktionsmischung gelagert. Nach 250 Stunden kumulierter chemischer und thermischer Belastung wurde die IL erneut in einer kontinuierlich betriebenen Umesterung im Miniplantreaktor eingesetzt. Abbildungen 6-4 und 6-5 zeigen die Zusammensetzungen des Sumpf- und Destillatproduktes im stationären Zustand. Unter gleichen Betriebsbedingungen wie in dem in den Abbildungen 5-3 und 5-4 beschriebenen Versuch ergaben sich in etwa die gleichen Stoffzusammensetzungen im Sumpf- und Destillatstrom. Der rezyklierte Katalysator hat demzufolge die katalytische Leistung des frischen Katalysators. Aufgrund der strukturellen Ähnlichkeit der ionischen Flüssigkeiten MIMBS-HSO_4 und BIMBS-HSO_4 entspricht das Ergebnis den Erwartungen.

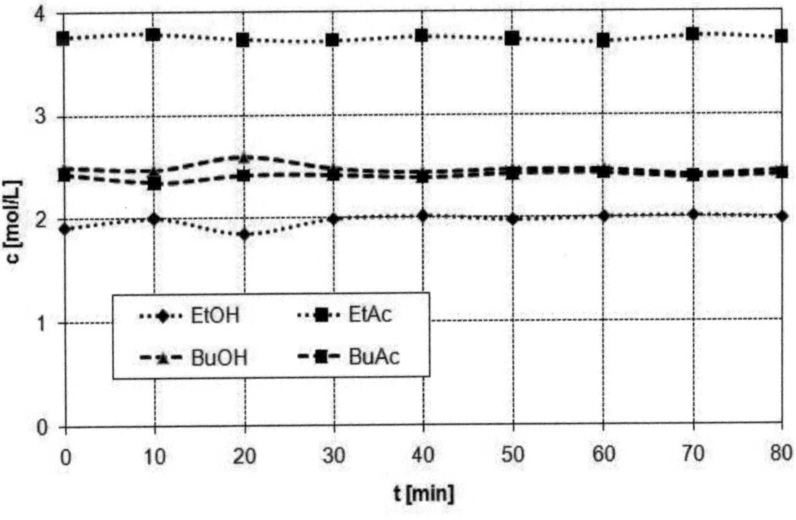

Abbildung 6-4: Konzentrationen der Reaktionsmischung im Sumpfprodukt einer kontinuierlich betriebenen Umesterung mit rezyklierter IL BIMBS-HSO_4: T = 79 °C, p = 1 bar, c_{Kat} = 2,5 %.

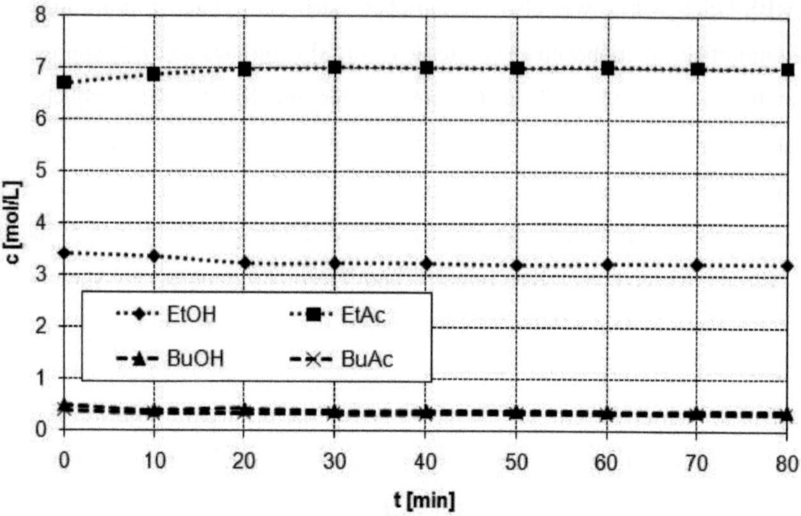

Abbildung 6-5: Konzentrationen der Reaktionsmischung im Destillat einer kontinuierlich betriebenen Umesterung mit rezyklierter IL BIMBS-HSO_4: T = 79 °C, p = 1 bar, c_{Kat} = 2,5 %.

7. Ökologische Bewertungen

7.1 Herausforderungen und Motivation

Für die verschiedenen Aspekte einer Verfahrensauslegung oder –umstellung sind zahlreiche Daten nötig. Das gilt insbesondere für Ökobilanzanalysen, die möglichst umfassende und sichere Daten über beteiligte Stoff- und Energieströme erfordern. Den größten Einfluss auf die Kosten des Verfahrens haben die in der Phase des konzeptionellen Verfahrensentwurfes zu Beginn der Verfahrensentwicklung zu treffenden Entscheidungen, wenn weitreichende und prinzipielle Festlegungen, wie z. B. die Wahl der Prozessstufen, getroffen werden [87]. In den letzten Phasen der Entwicklung steht die Feinjustierung des Prozesses im Vordergrund. Während der Frühphase der Verfahrensentwicklung liegen die Informationen, wie Stoffdaten, reaktionstechnische Daten, in der Regel nur unvollständig vor. Die Daten vervollständigen sich erst während der Entwicklung. Zudem sind diese Daten häufig unsicher, oft müssen Annahmen getroffen werden.

Die Motivation der ökologischen Bewertung der in dieser Arbeit behandelten Verfahrensumstellung besteht aus drei wesentlichen Zielen:

- Vergleich der ökologischen Auswirkungen des schwefelsäurekatalysierten Verfahrens mit dem IL katalysierten Neuverfahren.
- Anhand verschiedener Sensitivitätsanalysen soll der Einfluss verschiedener Prozessparameter auf die Bewertungsergebnisse untersucht werden. Dadurch sollen die für die Umweltentlastung effektivsten Aspekte der Verfahrensumstellung ermittelt werden.
- Vergleich von drei ökologischer Bewertungsmethoden. Das EHS Modell nach Heinzle [18], der Kumulierte Energieaufwand (KEA) [46] und der Ecoindicator99 [30] sollen auf ihre Eignung zur Bewertung chemischer Prozesse hin miteinander verglichen werden.

7.2 Verfahrensmodell und Bilanzgrenzen

Für Ökobilanzanalysen gibt es verschiedene Methoden. In dieser Arbeit kamen die Methoden „Ecoindicator 99“ [30], „Kumulierter Energieaufwand (KEA)“ [46] und das „EHS (Environment Health Safety) Modell nach Heinzle“ [18] zum Einsatz. Die Methoden werden im Kapitel 2.4 „Material und Methoden - Ökobilanzanalysen“ weitergehend erläutert. Abbildung 7-1 stellt die Stoffstromnetze dar, die zu Beginn der Analysen erstellt wurden. Sie enthalten Stoff- und Energieströme sowie deren Transitionen. Transitionen entsprechen in diesem Fall Prozessstufen, wie z. B. Reaktion oder Stofftrennung. Alle drei untersuchten Methoden benötigen zunächst ein solches Stoffstromnetz, mit dem das untersuchte Verfahren abgebildet wird. Da an dieser Stelle zwei Verfahren nur bezüglich der Reaktionsstufe ohne bzw. mit Katalysatorrecycling miteinander verglichen werden, wird das Downstream Processing des Sumpf- und Destillataustrages nicht im Stoffstromnetz berücksichtigt, da es dort keine Unterschiede zwischen den verglichenen Prozessen gibt. Kern der aufgestellten Stoffstromnetze sind die in der Verfahrensumstellung vorgenommenen Unterschiede, in diesem Fall der Katalysator, sowie dessen Herstellung und Wiederverwendung, beziehungsweise Neutralisierung und Ausschleusung. Die Daten für Stoff- und Energieströme entstammen den Umesterungsversuchen in der Miniplantanlage. Es wird angenommen, dass die in dem Apparat bestimmten Ergebnisse repräsentativ für industrielle Großverfahren sind, so dass die Stoff- und Energieströme auf industrielle Maßstäbe umgerechnet und übertragen werden können. Zunächst wurde für die Berechnung des Energieindex nach der EHS Methode angenommen, dass der Katalysator 20 mal verwendet werden kann. Zu einem späteren Zeitpunkt wurde ermittelt, dass der Katalysator für mindestens 1000 Betriebsstunden eingesetzt werden kann, siehe Kapitel 6. Daraufhin wurde der Energieindex in Abhängigkeit von der Anzahl der Verwendungszyklen bestimmt. Die für die Ökobilanz relevanten Stoffdaten sind in der Datenbank ecoinvent® v2.1 hinterlegt und in der verwendeten kommerziellen Software umberto® der ifu Hamburg GmbH implementiert. Sind Stoffe nicht in der Datenbank enthalten, diente das Sicherheitsdatenblatt als Datenquelle. Weiterhin kann für unbekannte Stoffe ein Synthesebaum erstellt werden. Dabei wird ermittelt, aus welchen Edukten die Substanz hergestellt wird. Die Edukte sind in der Regel weniger komplexe Stoffe als die unbekannte Substanz. Auf diese Weise können die meisten Chemikalien auf bekannte Stoffe zurückgeführt werden.

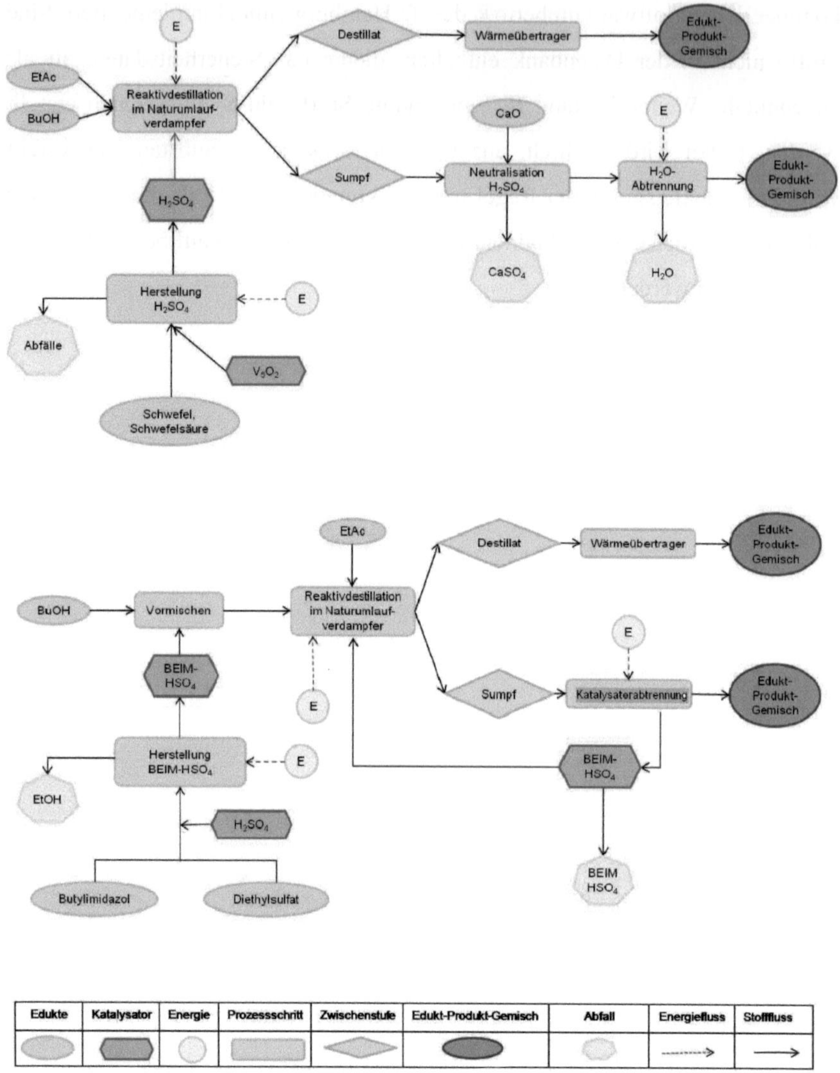

Abbildung 7-1: Stoffstromnetze des Schwefelsäure- und des IL-katalysierten Verfahrens für die Ökobilanzierung.

7.3 Ergebnisse und Schlussfolgerungen

Abbildungen 7-2, 7-3 und 7-4 zeigen die Ergebnisse der Bewertung mit der Methode „Ecoindicator 99“. Die Ergebnisse sind in Form dimensionsloser Bewertungszahlen dargestellt. Je höher die Bewertungszahl ist, desto umweltbelastender ist das Verfahren. Darüber hinaus ist die Bewertungszahl in die drei Wirkungskategorien Ökosystemqualität, Ressourcen und Menschliche Gesundheit aufgeschlüsselt. Das IL-katalysierte Neuverfahren unterscheidet sich nicht signifikant vom schwefelsäurekatalysierten Umesterungsprozess. Der größte Beitrag zur Bewertungszahl geht auf die Wirkungskategorie „Ressourcen“ zurück. Der Wert der Bewertungszahl ist jedoch stark abhängig vom Umsatz, siehe Abbildung 7-3. Hierbei wurde der Umsatz zwischen 50 % und 100 % variiert, da 50 % bereits durch einfache Gleichgewichtseinstellung erreicht werden. Höhere Umsätze bedürfen einer technischen Beeinflussung, zum Beispiel durch reaktionsintegrierte Produktausschleusung. Die Katalysatorstandzeit hat keinen technisch relevanten Einfluss auf die Umweltbelastung sowie deren Aufschlüsselung auf die Wirkungskategorien. Das Ergebnis der Bewertung hängt stark von der Größe der Stoffströme ab. Da in diesem Verfahren die Reaktionspartner die größten Massenströme stellen, ist ein großer Teil der Bewertungszahl auf die Wirkungskategorie „Ressourcen“ zurückzuführen. Die Menge des verwendeten Katalysators ist vergleichsweise gering. Die ionische Flüssigkeit ist verglichen mit den Estern und Alkoholen toxikologisch am bedenklichsten. Deswegen steigt der Beitrag der Wirkungskategorie „Menschliche Gesundheit“ bei geringeren Standzeiten des Katalysators an, siehe Abbildung 7-4. Die Bewertungszahl selbst kann in signifikantem Maß nur durch Prozessveränderungen beeinflusst werden, die die Eduktmassenströme verändern, siehe Abbildung 7-3. Mit der Methode „Ecoindicator 99“ können Verfahren nicht einzeln betrachtet werden, da eine bestimmte Bewertungszahl keine direkte Aussage hat. Verfahrensvergleiche sind dagegen sinnvoll.

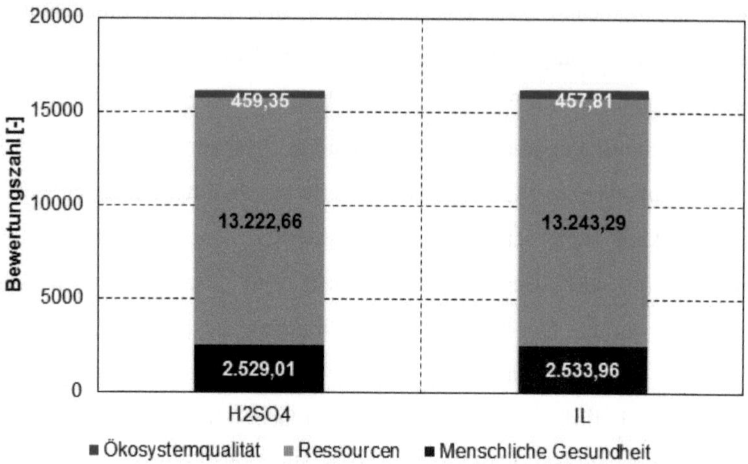

Abbildung 7-2: Zusammensetzung der Umweltbewertungszahlen nach der Bewertungsmethode „Ecoindicator99".

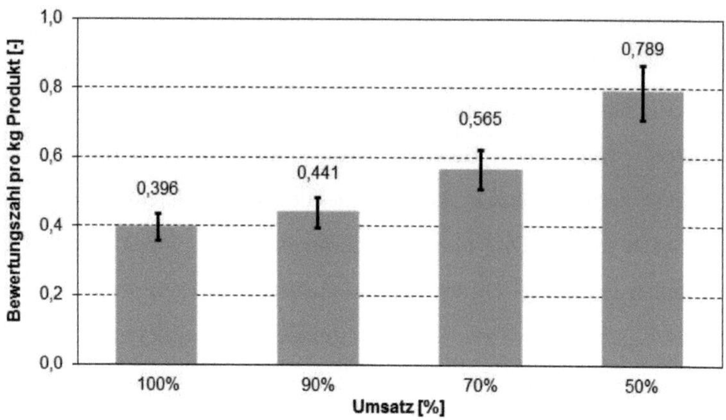

Abbildung 7-3: Abhängigkeit der Umweltbewertungszahl und deren Zusammensetzung vom Umsatz der Umesterung.

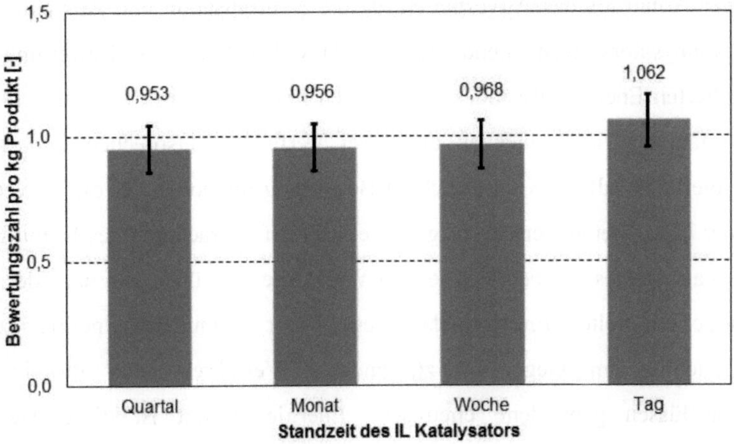

Abbildung 7-4: Abhängigkeit der Umweltbewertungszahl und deren Zusammensetzung von der Standzeit des Katalysators.

Neben der ökologischen Bewertung der beiden Verfahren mit der Methode „Ecoindicator 99“ wurden die gleichen Verfahren auch mit den Methoden „Kumulierter Energieaufwand (KEA)“ und der „EHS Methode“ nach Heinzle bewertet. Die Ergebnisse sind in Tabelle 7-1 zusammengefasst. Die EHS Methode nach Heinzle ergibt ebenfalls dimensionslose Umweltbewertungszahlen, ist demzufolge auch eher für Prozessvergleiche als für die Bewertung eines einzelnen Prozesses nützlich. In die Ergebnisse fließen 14 Wirkungskategorien ein. Darüber hinaus werden ein Energieindex und ein Abfallindex ermittelt. Damit werden zwei umweltbelastende Eigenschaften unmittelbar quantifiziert. Die Umweltbewertungszahlen der EHS Methode und des „Ecoindicator99“ enthalten mehrere Kategorien mit einer bestimmten Gewichtung. Die Umweltbewertungszahl und der Energieindex weisen das Neuverfahren als etwas umweltbelastender als das Altverfahren aus. Die Tendenz der Aussage deckt sich mit den aus der Analyse mit dem „Ecoindicator99“ gewonnenen Erkenntnissen. Das Neuverfahren erzeugt weniger Abfall als das Altverfahren, da die Neutralisation und Ausschleusung des Katalysators weitgehend entfällt. Das Ergebnis der Bewertung des Kumulierten Energieaufwandes ergibt einen höheren Energieverbrauch für das Neuverfahren. Die Tendenzen aller drei Verfahren entsprechen sich damit. Prinzipiell sind alle drei untersuchten Bewertungsmethoden für die Bewertung des hier betrachteten Verfahrens geeignet. Bei der Betrachtung des Kumulierten Energieaufwandes ergeben sich jedoch Werte, die weit über dem nach der EHS Methode ermittelten Energiebedarf liegen. Der Kumulierte Energieaufwand berücksichtigt im Gegensatz zu anderen Verfahren auch die in den Materialflüssen gebundene chemische Energie. Damit ist diese Methode weniger für die vergleichende Ökobilanzierung geeignet, da die Prozessenergie für z.B. Pumpen, Verdampfer etc. eine zentralere Rolle darin spielt. Die chemische Energie von Stoffen ist in dem Fall noch soweit von Interesse wie diese als Energieträger dienen, andernfalls müsste die chemisch gebundene Energie im Anschluss an die Bewertung vom Energieaufwand abgezogen werden. Die EHS Methode liefert Ergebnisse, die den anderen Methoden qualitativ ebenbürtig sind. Darüber hinaus ist diese in der Software Sabento® implementierte Methode einfacher in der Bedienung, da sie assistentengestützt ist. Der Anwender wird mit Formularen durch den Bewertungsprozess geführt. Viele für die Bewertung notwendigen Informationen können nach festen Regeln angenommen oder ermittelt werden, wenn sie nicht z.B. in Form von Sicherheitsdatenblättern vorliegen. So ist diese Methode für die Bewertung von Verfahrensumstellungen vor allem bei unsicherer und unvollständiger Datenlage geeignet. Die Gewichtung der Wirkungskategorien kann verändert und an den Untersuchungsfall angepasst werden. Eine sinnvolle Ergänzung die dieser Methode wäre z.B. die Berücksichtigung von Reaktionsgeschwindigkeiten in chemischen Prozessen. An Stelle der Reaktionsgeschwindigkeit wäre die Möglichkeit der Bewertung von Apparaten sehr hilfreich. Bisher ist es mit keiner Bewertungsmethode möglich, die für einen chemischen Prozess benötigten Apparate ökologisch zu bewerten. Ferner wäre es vorteilhaft, Ausgangsströme nicht nur als Produkt oder Abfall, sondern auch als zu recycelndes Edukt oder Nebenprodukt (Wertprodukt) einzustufen.

Tabelle 7-1: Ergebnisse der ökologischen Bewertung beider Prozesse.

Katalysator		H_2SO_4	IL
Bewertungszahl („Eco-indicator 99“) [Punkte $kg_{Produkt}^{-1}$]		0,86	0,95
Umweltbewertungszahl (Sabento®) [UBZ $kg_{Produkt}^{-1}$]		6,18	8,66
Abfallindex (Sabento®) [kg $kg_{Produkt}^{-1}$]		0,03	0,00018
Energieindex (Sabento®) [kJ $kg_{Produkt}^{-1}$]		1281	1607
Kumulierter Energieaufwand (KEA) [kJ $kg_{Produkt}^{-1}$]	Gesamtwert	255800	288700
	KEA erneuerbar	3435	3911
	KEA nicht-erneuerbar	252400	284800

Die Ergebnisse aus der Bewertung mit der EHS Methode in der Tabelle 7-1 entstammen der Annahme, dass der IL-Katalysator für 20 Verwendungszyklen verwendbar ist. Je länger der IL-Katalysator verwendet werden kann, desto weniger fällt der Aufwand für dessen Synthese ins Gewicht. Zudem konnte in Recyclingversuchen ermittelt werden, dass die verwendete IL für 1000 Betriebsstunden eingesetzt werden kann und dass für eine im Fallfilmverdampfer durchgeführte destillative technische Wiedergewinnung 45 Minuten nötig sind, siehe Kapitel 6. Umesterungsversuche im Miniplantmaßstab in kontinuierlicher Fahrweise haben gezeigt, dass die Reaktion eine mittlere Verweilzeit von etwa 75 Minuten benötigt. Ein Verwendungszyklus entspricht demzufolge zwei Stunden, 1000 Betriebsstunden demnach 500 Verwendungszyklen. Der Energiebedarf für die Umesterung wurde anschließend noch einmal mit den Daten aus dem VDI Wärmeatlas [132] berechnet. Dabei wurde das Erwärmen der Edukte und das einmalige Verdampfen aller beteiligten

Komponenten angenommen. Für die Synthese des Katalysators wurde der Stromverbrauch der verwendeten Laborgeräte angenommen, da ionische Flüssigkeiten derzeit noch im größeren Labormaßstab hergestellt werden. Der Energieverbrauch wurde pro Kilogramm Produkt in Abhängigkeit von der Anzahl der Recyclingzyklen berechnet. Für etwa 20 Verwendungszyklen konnte der mit der EHS Methode („Sabento®") ermittelte Wert bestätigt werden. In Abbildung 7-5 und 7-6 wird die energieverbrauchsbedingte CO_2 Erzeugung pro Kilogramm Produkt dargestellt. Für die Berechnung der CO_2 Erzeugung aus dem Energieverbrauch diente die Umrechnung für den deutschen Strommix aus dem Jahr 2009 von 575 g kW^{-1} h^{-1} [130]. Für eine optimierte Gleichgewichtslage der Umesterung ist die CO_2 Erzeugung des Neuverfahrens ab etwa 130 Verwendungszyklen geringer als die des Altverfahrens.

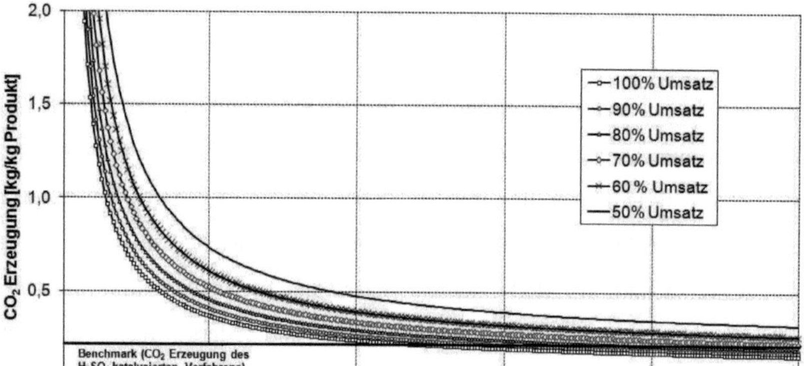

Abbildung 7-5: Abhängigkeit der CO_2 Erzeugung vom Umsatz der Umesterung und von der Anzahl der möglichen Recyclingzyklen des Katalysators [152].

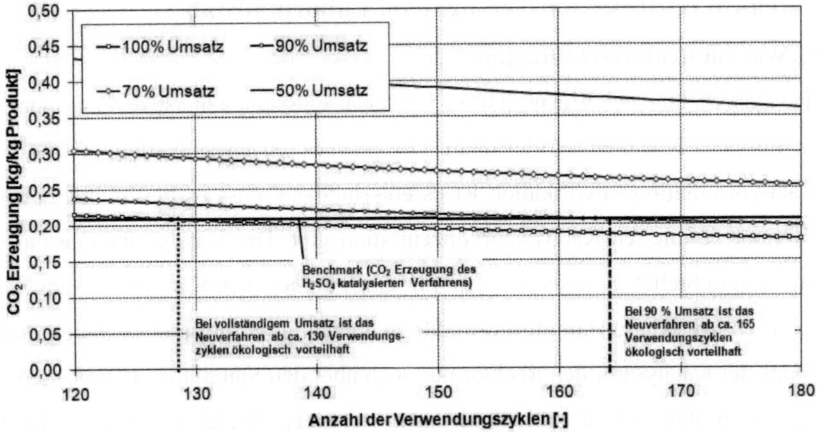

Abbildung 7-6: Abhängigkeit der CO_2 Erzeugung vom Umsatz der Umesterung und von der Anzahl der möglichen Recyclingzyklen des Katalysators. Lage des „ökologischen Break – Even Punktes“.

8. Reaktivrektifikationsversuche im Labormaßstab

8.1 Warum Reaktivrektifikation ?

Eine der wichtigsten Eigenschaften ionischer Flüssigkeiten ist der marginale, mit flüssigen Metallen vergleichbare Dampfdruck. In Hybridverfahren wie der Reaktivdestillation/-rektifikation ist es entscheidend, dass es bestimmte Zonen mit einer definierten Katalysatorkonzentration gibt. Der Katalysator muss also „an Ort und Stelle" gehalten werden. Für einen homogenen Katalysator kann der technisch irrelevante Dampfdruck dafür eine wichtige Rolle spielen. In dem Fall könnte der Katalysator den Reaktor nur noch über den Sumpfaustrag verlassen.

Um zu prüfen, ob der IL-Katalysator in einer Reaktivdestillation durch Verdampfung oder fluiddynamische Effekte über die Dampfphase ausgetragen würde, wurde jeweils eine einstufige Destillation einer für diesen Prozess typischen Reaktionsmischung durchgeführt. Aus Sumpf und Destillat wurden jeweils Proben entnommen und acidimetrisch titriert. Abbildung 8-1 zeigt die Verbrauchswerte der Titrationslösung Natronlauge, die dem Säuregehalt der Probe entsprechen. Zuerst wurde die Mischung ohne Katalysator destilliert und titriert, um säurefreie Vergleichswerte („Blindprobe") zu bekommen. Im zweiten Versuch wurde 2,5 mol-% MIMBS-HSO_4 hinzugegeben. Während die Acidität der Sumpfprobe durch die IL höher ist als die der Blindprobe, ist die Destillatprobe säurefrei. Der IL-Katalysator wird bereits in einer einstufigen Destillation nicht in die Dampfphase überführt. Ein dritter Versuch wurde mit der Reaktionsmischung mit 1 mol-% Schwefelsäure durchgeführt. Erwartungsgemäß ist die Sumpfprobe säurehaltiger als die Sumpfprobe mit IL-Katalysator oder der Blindprobe. In diesem Fall weist aber auch die Destillatprobe eine signifikant höhere Acidität als die Destillatproben in den vorangegangenen Versuchen auf. Im Gegensatz zur IL wird ein Teil der Schwefelsäure in die Dampfphase überführt.

IL-Katalysatoren sind demzufolge, insbesondere im Vergleich mit Schwefelsäure, für Prozesse geeignet, in denen Verdampfungsschritte involviert sind.

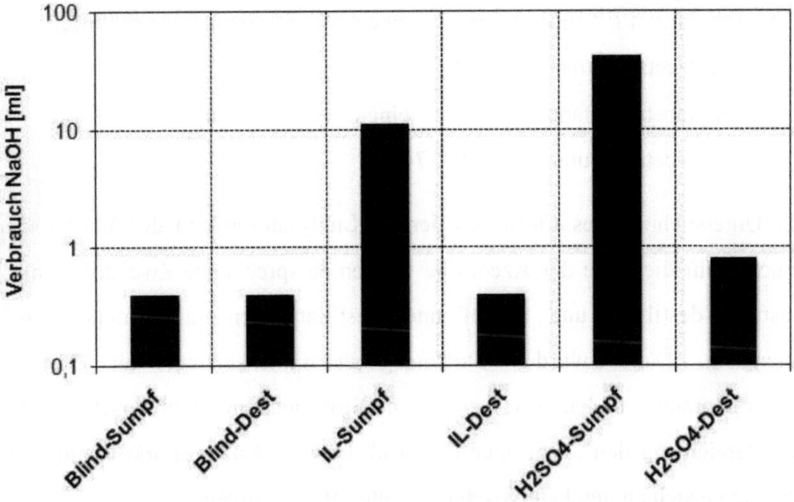

Abbildung 8-1: Titrationsdaten der einstufigen Destillation des Reaktionsgemisches mit verschiedenen Katalysatoren.

Die einstufigen Reaktivdestillationsversuche im Miniplantreaktor haben bereits gezeigt, dass mit einer Destillationsstufe keine zufriedenstellende Trennung der ausgetragenen Reaktionsmischungen zu erreichen ist. In jedem Fall müssen sowohl Sumpf- als auch Produktaustrag weitere Trennschritte durchlaufen.

Aus diesem Grund wurden im Labormaßstab Reaktivrektifikationsversuche mit variablen Packungskolonnen durchgeführt, um die Anreicherung von Produkten in den Austragsströmen so erhöhen. Zuerst wurde dafür der Einfluss der relevanten IL-Katalysatoren auf die im Modellsystem vorkommenden Azeotrope untersucht. Anschließend wurden Reaktivrektifikationsversuche experimentell durchgeführt und mit der Software CHEMCAD® simuliert.

8.2 Einfluss ionischer Flüssigkeiten auf Azeotrope in der Modellreaktion

Die in diesen Arbeiten untersuchte Umesterung von Butanol mit Ethylacetat zu Butylacetat und Ethanol weist zwei binäre Azeotrope auf.

- Ethylacetat/Ethanol bei einem Stoffmengenverhältnis von Ethylacetat : Ethanol von 55 : 45
- Butylacetat/Butanol bei einem Stoffmengenverhältnis von Butylacetat : Butanol von 26 : 74

Zur Untersuchung des Einflusses der IL-Katalysatoren und der Variation des Druckes auf die Lage der Azeotrope wurden entsprechende Zweistoffgemische einstufig destilliert und Sumpf und Destillatproben gaschromatographisch untersucht. Dabei wurden Stoffmengenzusammensetzung der Gemische, Katalysatoranteil und Druck variiert. Die Stoffmengenzusammensetzung deckt den Bereich um den azeotropen Punkt ab und die Katalysatorkonzentrationen orientieren sich an den katalytisch relevanten Bedingungen.

Weiterhin wurden mit der Simulationssoftware CHEMCAD® zur Ergänzung und zum Vergleich mit experimentellen Daten Gleichgewichtsdaten berechnet.

Abbildungen 8-2 und 8-3 zeigen den Einfluss von MIMBS-HSO_4 auf die Lage der azeotropen Punkte der Mischungen aus Ethylacetat und Ethanol bzw. Butylacetat und Butanol. Ein signifikanter Einfluss ist nur bei Zugabe von 10 % MIMBS-HSO_4 zur Mischung aus Ethylacetat und Ethanol zu beobachten. Die Mischung aus Butanol und Butylacetat lässt sich mit den katalytisch üblichen Mengen nicht beeinflussen. Weitere Versuche haben gezeigt, dass BIMBS-HSO_4 die Azeotrope in gleicher Weise beeinflusst wie MIMBS-HSO_4. In beiden Fällen begünstigt die Gegenwart des IL-Katalysators das Verbleiben des Ethanols in der Flüssigphase. Ethanol ist in diesem Reaktionssystem die Komponente mit der ausgeprägtesten Hydrophilie. Für die in dieser Arbeit untersuchte Reaktion lässt sich der Effekt des Katalysators als Entrainer nicht direkt nutzen, da Ethanol eines der auszuschleusenden Zielprodukte ist. In Ver-

oder Umesterungssystemen, in denen die hydrophobe Komponente das Zielprodukt ist, wäre der Entrainereffekt nutzbar. Im vorliegenden System ergibt sich aus der Beeinflussung des Dampf/flüssig-Phasengleichgewichtes durch die IL also kein Zusatznutzen.

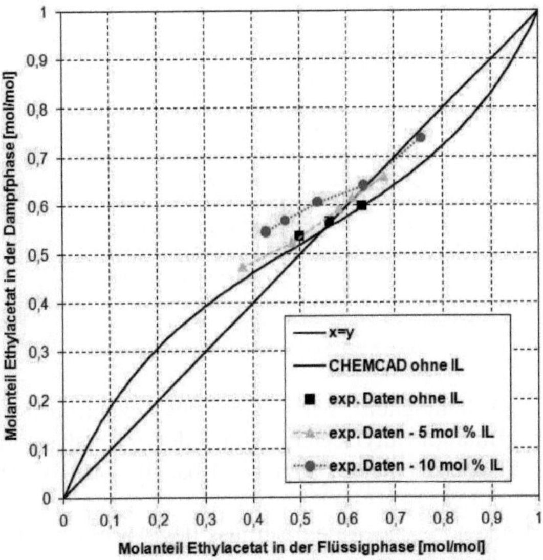

Abbildung 8-2: Abhängigkeit der Lage des azeotropen Punktes von Ethanol/Ethylacetat von der Katalysatorkonzentration. Experimentelle Daten. p = 1 bar; IL: MIMBS-HSO_4.

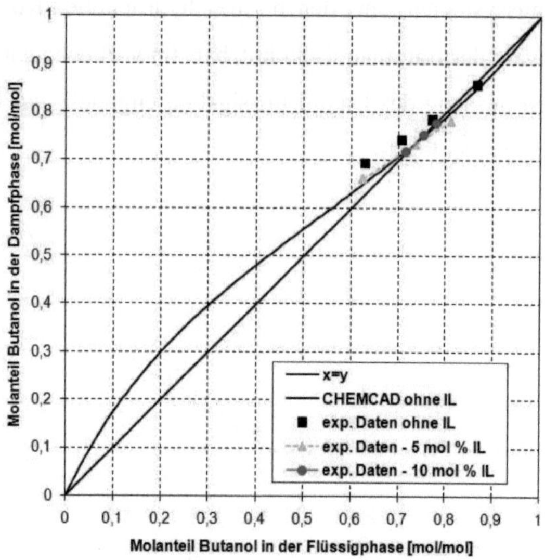

Abbildung 8-3: Abhängigkeit der Lage des azeotropen Punktes von Butanol/Butylacetat von der Katalysatorkonzentration. Experimentelle Daten. p = 1 bar; IL: MIMBS-HSO_4.

Abbildungen 8-4 und 8-5 zeigen den Einfluss des Absolutdrucks auf die Lage des azeotropen Punktes. Die Werte für p = 5 bar konnten in dem Fall nur simuliert werden, da die verwendete Laborapparatur nicht für Überdruckversuche geeignet ist.

In den Fällen, in denen es sowohl experimentelle als auch simulierte Ergebnisse gibt, entsprechen diese einander. Die Umesterung resultiert in diskontinuierlicher Fahrweise in einer äquimolaren Produktmischung. Sowohl äquimolare Mischungen aus Ethylacetat und Ethanol als auch aus Butylacetat und Butanol sind trennbar. Das Verfahren ist bei Atmosphärendruck durchführbar. Höhere Drücke begünstigen die Trennung von Butanol und Butylacetat, siehe Abbildung 8-5, sind aber für die Trennung von Ethylacetat und Ethanol unvorteilhaft, siehe Abbildung 8-4. Umgekehrt begünstigen geringere Drücke die Trennung von Ethylacetat und Ethanol und erschweren die Trennung von Butanol und Butylacetat.

In zukünftigen Entwicklungsschritten muss vor allem das Stoffmengenverhältnis von Ethylacetat zu Ethanol beachtet werden, das bei hohen Ethylacetatüberschüssen leicht auf der unvorteilhaften Seite des azeotropen Punktes liegen kann. In den bisher kontinuierlich durchgeführten Prozessen waren Ethylacetatüberschüsse in der Eduktmischung aus Gründen der Betriebsstabilität nötig. Gegebenenfalls muss der Prozess bei Drücken im Bereich von 0,2 bis 1 bar betrieben werden. In dem Fall ist die Trennung von Ethylacetat und Ethanol auch bei Ethylacetatüberschüssen möglich. Gleichzeitig können die im Sumpfprodukt der Miniplantanlage auftretenden Mischungen aus Butanol und Butylacetat noch getrennt werden.

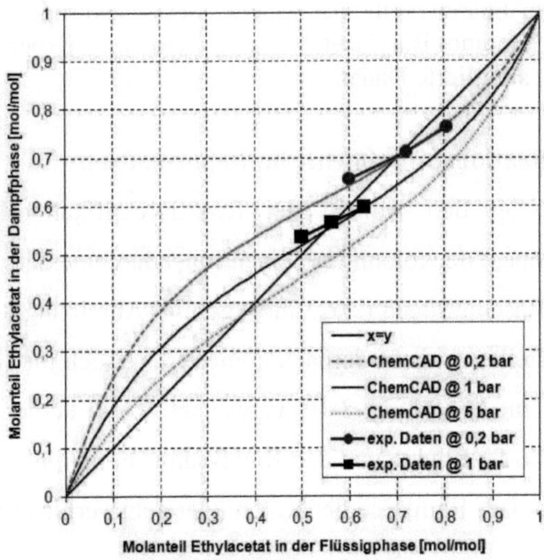

Abbildung 8-4: Abhängigkeit der Lage des azeotropen Punktes von Ethanol/Ethylacetat vom Druck. Experimentelle und simulierte Daten.

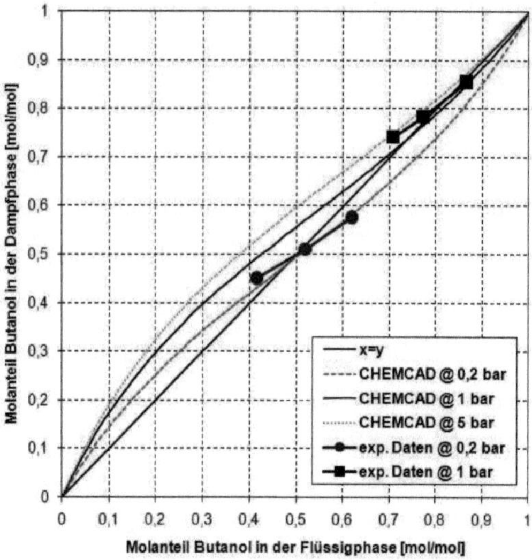

Abbildung 8-5: Abhängigkeit der Lage des azeotropen Punktes von Butanol/Butylacetat vom Druck. Experimentelle und simulierte Daten.

8.3 Reaktivrektifikationsexperimente im Labormaßstab

Abbildung 8-6 zeigt den Aufbau der Reaktivrektifikationskolonne sowie Bauteile der Kolonne. Die Kolonne hat einen Innendurchmesser von 30 mm und ist mit gläsernen Raschigringen (3 x 3 mm) gefüllt. Abbildung 8-6 zeigt zudem die Probennahmestellen 1 bis 5, deren Nummerierung auch für die Beschriftung des Diagrammes in Abbildung 8-10 verwendet wird. Ferner sind dort die Einspeisestellen für die Edukte und den Katalysator im kontinuierlichen Betrieb markiert. Die modulare Bauweise der Kolonne erlaubt vergleichsweise schnelle Umbauten.

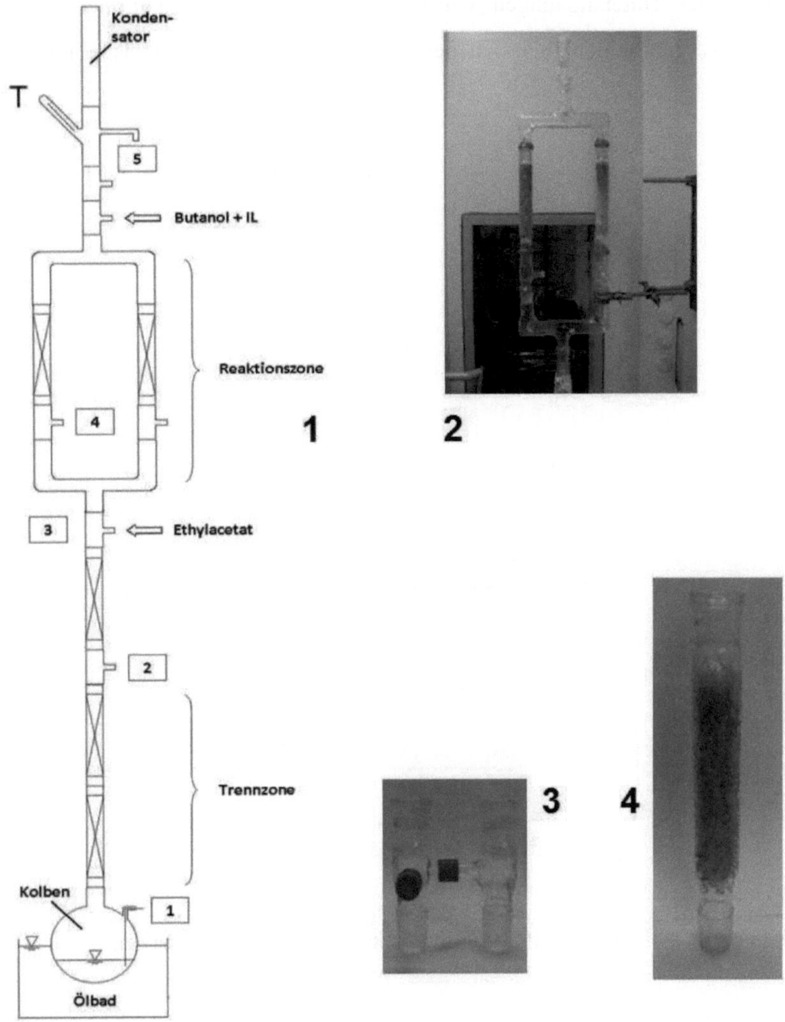

Abbildung 8-6: Aufbauprinzip und Bauteile der Rektifikationskolonne. 1.: die Aufbauskizze, 2: ein Ensemble aus Schüssen und Entnahmestellen, 3: eine Entnahmestelle für Proben und 4: ein Schuss.

Während der Untersuchungen wurden iterativ acht Modifikationen an der Kolonne vorgenommen, bis sich der hier dargestellte Aufbau als praktikabel erwies.

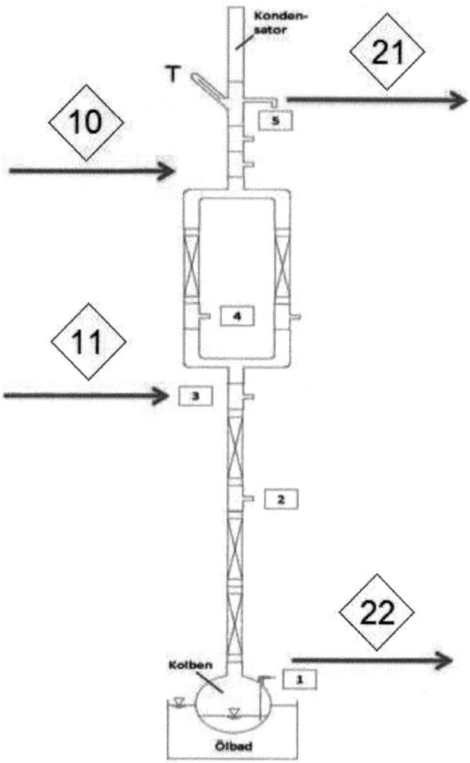

Abbildung 8-7: Schema der kontinuierlichen Reaktivrektifikation.

Tabelle 8-1: Stoffströme des kontinuierlichen Reaktivrektifikations experimentes.

Stromnummer	10	11	21	22
Molarer Durchfluss [mol/h]	1,98	4,26	4,35	1,5
Molanteile [mol/mol]				
Ethylacetat	0	1	0,95	0
Ethanol	0	0	0,05	0
Butylacetat	0	0	0	0,7
Butanol	1	0	0	0,3

Nach erfolgreich durchgeführter diskontinuierlicher Reaktivrektifikation konnte der Prozess auch kontinuierlich realisiert werden. Experimente und Simulation wurden für einen Druck von p = 1 bar durchgeführt. Die Umesterung wurde kontinuierlich betrieben und dabei im Sumpf (Entnahmestelle 1) und im Destillat (Entnahmestelle 5) Proben genommen und gaschromatographisch analysiert. Die zeitlichen Konzentrationsverläufe sind in den Abbildungen 8-8 und 8-9 dargestellt. Dabei ergibt sich als Sumpfprodukt ein Zweistoffgemisch aus Butanol und Butylacetat und eine Anreicherung des Produktes Butylacetat auf über 70 mol-%, siehe Tabelle 8-1 und Abbildung 8-9. Diese Produktanreicherung übertrifft die des Miniplantreaktors. Zudem handelt es sich bei der Produktmischung des Miniplantreaktors um ein Vierstoffgemisch, während in allen Austragsströmen hier höchstens Zweistoffgemische vorkommen.

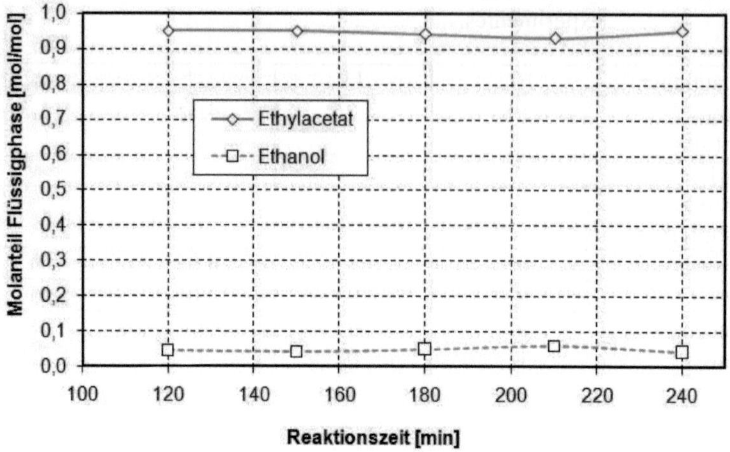

Abbildung 8-8: Experimentell bestimmte Konzentrationen der Reaktionspartner während der Reaktivrektifikation im Destillat. (p = 1 bar, c_{Kat} = 2,5 %)

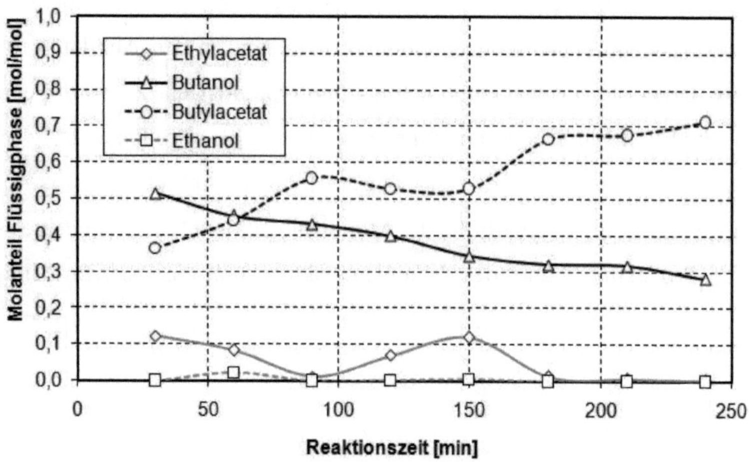

Abbildung 8-9: Experimentell bestimmte Konzentrationen der Reaktionspartner während der Reaktivrektifikation im Sumpf. (p = 1 bar, c_{Kat} = 2,5 %)

Abbildung 8-10 zeigt das örtliche Konzentrationsprofil in der Rektifikationskolonne am Ende des Versuches. Hier ist besonders zu erkennen, dass die wesentlichen Konzentrationsanreicherungen zwischen den Positionen 1 und 2 erreicht werden. Der Katalysator liegt zwischen den Positionen 1 und 4 vor.

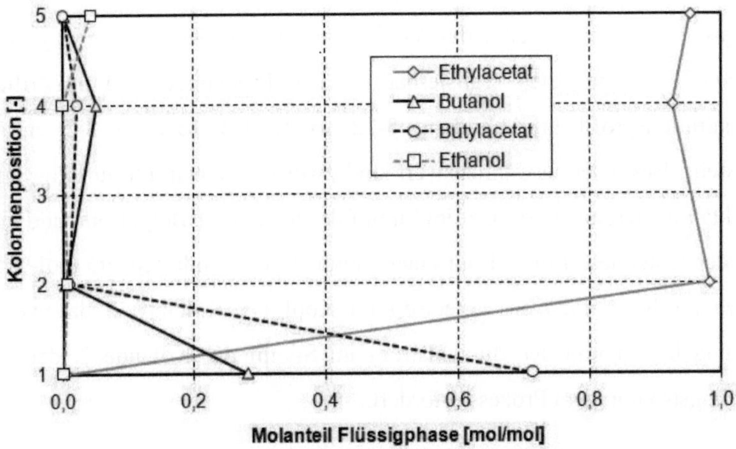

Abbildung 8-10: Experimentell bestimmte Konzentrationsprofile während der Reaktivrektifikation. (p = 1 bar, c_{Kat} = 2,5 %) Der Katalysator befindet sich an den Kolonnenpositionen 1 bis 4.

Als Vergleich mit den bisher untersuchten kontinuierlich betriebenen Umesterungsreaktionen wird auch an dieser Stelle die notwendige mittlere Verweilzeit bestimmt. Diese ergibt sich aus dem Volumenstrom von 600 ml/h und dem Flüssigkeitsvolumen innerhalb der Reaktionskolonne. Dies wurde am Ende des Versuchs bestimmt, in dem unmittelbar nach dem Abschalten der Feed- und Austragspumpen die Apparatur verschlossen und nach deren Abkühlen das Flüssigkeitsvolumen gemessen wurde. Der Flüssigkeitsinhalt in der Kolonne (ohne Sumpf) betrug ca. 0,45 L. Betrachtet man die Bodenkolonne als Serie idealer Rührkessel, ergibt sich eine mittlere Verweilzeit von 45 min. Dies ist etwa die Hälfte der für den Betrieb im Miniplantreaktor notwendigen

Zeit. Weitere Reaktivrektifikationsuntersuchungen müssten die Abtrennung der Produkte innerhalb der Apparatur weiter verbessern. Ferner müssen diese im Labormaßstab gewonnenen Befunde im scale-up fähigen Maßstab reproduziert werden.

Das kontinuierliche Reaktivrektifikationsverfahren wurde mit dem Fließbildsimulator CHEMCAD® abgebildet, siehe Abbildung 8-11. Aus der Simulation geht hervor, dass das Verfahren mit zwei Kolonnen mit je 15-16 theoretischen Trennstufen realisierbar ist. Die Ergebnisse sind im örtlichen Konzentrationsprofil in Abbildung 8-12 sowie den Tabellen 8-2 und 8-3 dargestellt. Besonders erwähnenswert sind zwei Positionen mit auffällig hohen Produktanreicherungen. So liegt im Sumpf der Kolonne 1 Butylacetat und in der Mitte der Kolonne 2 Ethanol mit einer Reinheit von mindestens 95 mol-% vor. Problematisch ist noch das Azeotrop im Kopf der Kolonne 2, das weiterer Trennung bedarf und der Butanolstrom im Sumpf der Kolonne 2, der einen Recyclingstrom in dem Prozess erfordert.

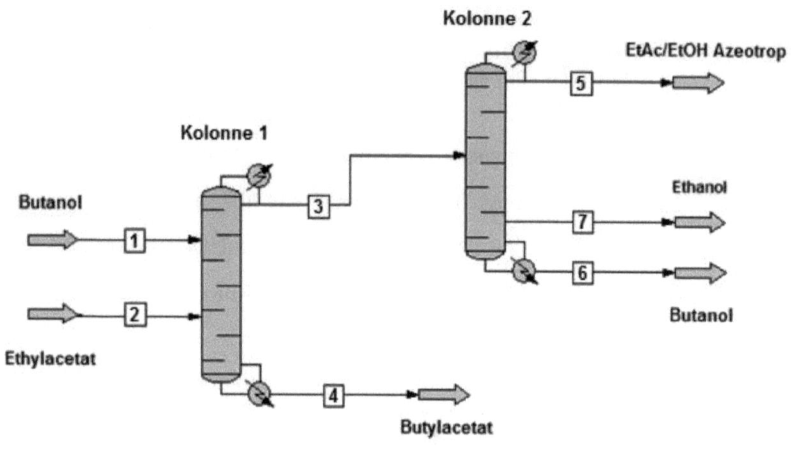

Abbildung 8-11: Fließbild einer simulierten Umesterung in einer Reaktivrektifikation.

Tabelle 8-2: Kolonnendaten eines simulierten Reaktivrektifikationsverfahrens zur Gewinnung aufkonzentrierter Reaktionsprodukte.

Kolonne	Anzahl Trennstufen	Feed-Stufe	Spezifikation am Kopf	Spezifikation am Sumpf
1	15	Butanol: 5 Ethylacetat: 10	-	$x_{BuAc} = 0{,}99$
2	16	8	$x_{EtOH} = 0{,}94$	$x_{BuOH} = 0{,}95$

Tabelle 8-3: Stoffströme eines simulierten Reaktivrektifikationsverfahrens zur Gewinnung aufkonzentrierter Reaktionsprodukte.

Strom Nummer	1	2	3	4	5	6	7
Strom Name	Bu-tanol	Ethyl-acetat		Butyl-acetat	EtAc/ EtOH Azeotrop	Buta-nol	Etha-nol
Temperatur [°C]	70	80	72	125,02	33,2	75,09	44,26
molarer Durchfluss [mol/min]	1	1,7	1,722	0,978	1,0211	0,0009	0,7
Molanteile [mol/mol]							
Ethylacetat	0	1	0,4184	0,002593	0,69149	0,0000	0,0205
Ethanol	0	0	0,5673	0,000016	0,30851	0,0346	0,9455
Butylacetat	0	0	0,0050	0,99	0	0,0152	0,0125
Butanol	1	0	0,0091	0,007391	0	0,9500	0,0213

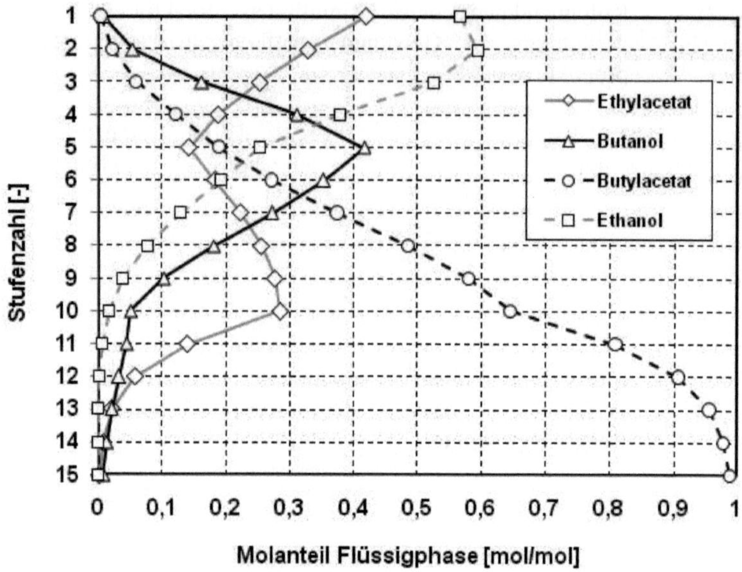

Abbildung 8-12: Simulierte Konzentrationsprofile einer Reaktivrektifikation. Der Katalysator befindet sich in der Zone zwischen Stufe 5 und Stufe 15.

9. Zusammenfassung

Die vorliegende Arbeit beschäftigt sich mit der Eignung rezyklierbarer ionischer Flüssigkeiten als technisch genutzte Umesterungskatalysatoren. Sie sollen eine Alternative für sowohl Alkalilaugen und Alkoholate als auch für Schwefelsäure sein. Diese müssen bisher nach der Reaktion irreversibel neutralisiert und ausgeschleust werden. Die kinetisch gut bekannte Modellreaktion von Ethylacetat mit Butanol zu Butylacetat und Ethanol wurde mit mehreren IL-Katalysatoren im Labormaßstab und im Miniplantmaßstab sowohl diskontinuierlich als auch kontinuierlich durchgeführt. Die Konfiguration des Miniplantreaktors mit außenliegendem Naturumlaufverdampfer ist repräsentativ für industrielle Großanlagen. Die Katalysator IL ist mindestens 1000 Betriebsstunden leistungsfähig. Ferner wurden das ökologische Entlastungspotential und die wirtschaftliche Machbarkeit festgestellt. Erste erfolgreiche Reaktivrektifikationsversuche wurden im Labormaßstab durchgeführt.

Imidazoliumbasierte ionische Flüssigkeiten mit einer Sulfonsäuregruppe sind besonders gut für Umesterungsreaktionen geeignet. Die katalytischen Leistungen übertreffen die des Referenzkatalysators Schwefelsäure. Zudem sind die IL weniger korrosiv. Bei Reaktionstemperaturen ab 70 °C und einer IL Konzentration von 2,5 mol-% werden gute Resultate mit MIMBS-HSO_4, MIMBS-$MeSO_3$ und BIMBS-HSO_4 erzielt. Das Moleinsatzverhältnis der Edukte kann dabei zwischen 3:1 und 1:3 variiert werden. Ferner sind die Katalysator IL halogen- und schwermetallfrei.

In einem Miniplantreaktor wurde die Umesterungsreaktion mit MIMBS-HSO_4 und BIMBS-HSO_4 als Katalysator durchgeführt. Der Reaktor hat ein Volumen von 3,5 L und einen außen anliegenden Naturumlaufverdampfer. Aufgrund seiner Geometrie und den Mischungseigenschaften sind die damit gewonnenen Ergebnisse repräsentativ für industrielle Großverfahren. Sowohl der frische als auch der durch Verdampfen der Reaktanden rezyklierte IL-Katalysator hat sich als deutlich leistungsfähiger als der Referenzkatalysator erwiesen. Der rezyklierte Katalysator ist zuvor einer kumulierten Belastung von 1000 Stunden unter Betriebsbedingungen ausgesetzt worden. Weitere Versuche haben gezeigt, dass für einen Verwendungszyklus aus Reaktion und Recycling zwei Stunden benötigt werden, diese Dauer demnach 500 Verwendungszyklen entspricht.

Ökobilanzielle Betrachtungen haben gezeigt, dass das IL katalysierte Umesterungsverfahren das Potential hat, umweltentlastend zu sein. Es wird Abfall eingespart und der irreversible Neutralisierungsschritt für den Katalysator entfällt. Ab etwa 150 Verwendungszyklen ist das Verfahren bei einem Umsatz von 100 % energiesparender.

Zu Beginn der Forschungsarbeiten haben sich mit der katalytischen Leistung, der Rezyklierbarkeit des Katalysators und der reaktionsintegrierten Stofftrennung drei zentrale Probleme gestellt. Nach dem in den ersten beiden Gebieten zufriedenstellende Lösungen gefunden werden konnten, muss die reaktionsintegrierte Stofftrennung noch verbessert werden. Bisher sind lediglich produktangereicherte Vierstoffgemische in Sumpf- und Destillatstrom realisiert worden. Erste Reaktivrektifikationsversuche haben gezeigt, dass eine Erhöhung der Trennstufenzahl die Stofftrennung deutlich verbessern kann. Mittelfristig muss dafür ein Immobilisierungskonzept für den Katalysator gefunden werden, das die katalytische Leistung nicht beeinträchtigt und in einer definierten Zone eine definierte konstante Katalysatorkonzentration gewährleistet.

10. Literaturverzeichnis

[1] Y. Akasuma, K. Maeda, H. Kuramochi, K. Fukui, *Theoritical Study of the transesterification of triglycerides to biodiesel fuel*, Fuel, **2009**, 88, 786 - 791

[2] N. Akgün, E. Iscan, *Effects of process variables for biodiesel productivity by transesterification*, Eur. J. Lipid. Sci. Technol., **2007**, 109, 486 - 492

[3] C. B. Alcock, V. P. Itkin, M.C. Horrigau, *Vapor Pressure of the Metallic Elements*, Can. Metall. Quart., **1984**, 23, 309

[4] A. Arce, L. Alonso, I. Vidal, *Liquid-Liquid-Equilibria of the Systems Ethyl Acetate + Ethanol + Water, Butyl Acetate + Ethanol + Water and Ethyl Acetate + Butyl Acetate + Water*, J. Chem. Eng. Japan, **1999**, 32, 4, 440 - 444

[5] W. Arlt, M. Seiler, C. Jork, T. Schneider, *Ionic Liquids as selective additives for the separation of close boiling or azeotropic mixtures*, Patent, **2002**, WO 02/074718A3

[6] P. W. Atkins, J. de Paula, *Physikalische Chemie*, Wiley VCH, Weinheim, **2006**

[7] D. Bankmann, *Untersuchungen zur Reaktivität imidazoliumbasierter ionischer Flüssigkeiten*, Dissertation, **2007**, Universität Köln

[8] A. Behr, *Technische Konzepte zum Recycling von Homogenkatalysatoren*, Chem. Ing. Tech., **1998**, 70, 6, 685-695

[9] J. M. Besnoin, G. D. Lei, K. Y. Choi, *Melt Transesterification of Dimethyl Terephtalate with Ethylene Glycol*, AIChE J., **1998**, 35, 9, 1445 - 1456

[10] Y. Beste, M. Eggersmann, H. Schoenmakers, *Extraktivdestillation mit Ionischen Flüssigkeiten*, Chem. Ing. Tech., **2005**, 77, 11, 1800 - 1808

[11] Y. Beste, H. Schoenmakers, *Distillative Method For Separating Narrow Boiling or Azeotropic Mixtures using Ionic Liquids*, Patent, **2005**, WO 2005/016483 A1

[12] M. Bier, S. Dietrich, Vapor Pressure of Ionic Liquids, Mol. Phys., **2010**, 108, 211

[13] A. Biwer, *Modellbildung, Simulation und ökologische Bewertung in der Entwicklung biotechnologischer Prozesse*, Dissertation, **2003**, Universität des Saarlandes, Saarbrücken

[14] H. Bock, M. Jimoh, G. Wozny, *Analysis of Reactive Distillation Using the Esterification of Acetic Acid as an Example*, Chem. Eng. Technol., **1997**, 20, 182 - 191

[15] A. Bode, J. Bürkle, B. Hoffner, T. Wisnewski, *Ein Blick durch die Kostenbrille. Anwendung von Stoffstromanalysen zur Bewertung und Verbesserung von Produktionsprozessen*, Chem. Ing. Tech., **2011**, 83, 10, 1553 - 1564

[16] E. Božek-Winkler, J. Gmehling, *Transesterifications of Methyl Acetate and n-Butanol Catalyzed by Amberlyst 15*, Ind. Eng. Chem. Res., **2006**, 45, 6648-6654

[17] J. F. Brennecke, E. J. Maginn, *Ionic Liquids Innovative Fluids for Chemical Processing*, AIChE J., **2001**, 47, 11, 2384 - 2389

[18] T. Brinkmann, *Brauchbarkeit eines Assistenten – gestützten Simulationsverfahrens zur Nachhaltigkeitsbewertung biotechnischer Prozesse*, Masterthesis, **2005**, Hochschule Bremen

[19] T. Brinkmann, H. Rubbeling, P. Fröhlich, M. Katzberg, M. Bertan, *Appliation of Material and Energy Flow Analysis in the Early Stages of Biotechnical Process Development – A Case Study,* Chem. Eng. Technol., **2010**, 33, 4, 618 - 628

[20] S. Brownstein, A. E. Stillman, *Proton Resonance Shifts of Acids in Liquid Sulfur Dioxide*, J. Phys. Chem., **1959**, 63, 2061 - 2062

[21] C. Chiappe, D. Pieraccini, *Ionic Liquids solvent properties and organic reactivity*, J. Phys. Org. Chem., **2005**, 18, 275 - 297

[22] J. Y. Z. Chiou, J. N. Chen, J. S. Lei, J. B. Lin, *Ionic Liquid crystals of imidazolium salts with a pendant hydroxyl group*, J. Mater. Chem., **2006**, 16, 2972 - 2977

[23] A. C. Cole, J. L. Jensen, I. Ntai, K. L. T. Tran, K. J. Weaver, D. C. Forkes, J.H. Davis, *Novel Brønsted Acidic Ionic Liquids and Their Use as Dual Solvent-Catalysts*, J. Am. Chem. Soc., **2002**, 124, 21, 5962 - 5963

[24] S. G. Cull, J. D. Holbrey, V. Vargas-Mora, K. R. Seddon, G. J. Lye, *Room Temperature Ionic Liquids as Replacements for Organic Solvents in Multiphase Bioprocess Operations*, Biotechnol. Bioeng., **2000**, 69, 2, 227 - 233

[25] O. S. Daza, E. S. Pérez-Cisneros, E. Bek-Pedersen, R. Gani, *Graphical and Stage-to-Stage Methods for Reactive Distillation Column Design*, AIChE Journal, **2003**, 49, 11, 2822 – 2841

[26] M. Debu, Imidazolium-funktionalisierte Phosphine als ionische Flüssigkeiten und ihre Anwendungen in der SILP Katalyse, Dissertation, **2006**, Ruprecht-Karls Univerität Heidelberg

[27] V. Dietrich, C. Ernst, H. Höhne, *Formeln und Tabellen*, Paetec, Gesellschaft für Bildung und Technik, Berlin, **2000**

[28] DIN EN ISO 14040: 2006-11. *Umweltmanagement – Ökobilanz – Grundsätze und Rahmenbedingungen*, Berlin, Beuth, **2006**

[29] DIN EN ISO 14044: 2006-10. *Umweltmanagement – Ökobilanz – Anforderungen und Anleitungen*, Berlin, Beuth, **2006**

[30] L. C. Dreyer, A. L. Niemann, M. Z. Hauschild, *Comparision of Three Different LCIA Methods: EDIP97, CML 2001 and Eco-indicator 99*. Does it matter which one you choose ?, Int. J. LCA, **2003**, 8, 4, 191 - 200

[31] M. J. Earle, N. V. Plechakova, K. R. Seddon, *Green Synthesis of biodiesel using ionic liquids*, Pure. Appl. Chem., **2009**, 81, 11, 2045 - 2057

[32] M. J. Earle, K. R. Seddon, *Ionic Liquids. Green Solvents for the future*, Pure. Appl. Chem., **2000**, 72, 7, 1391 - 1398

[33] M. J. Earle, K. R. Seddon, N. Plechakova, *Production of Biodiesel*, Patent, **2006**, WO 2006/095134 A1

[34] M. Eissen, M. Weiß, T. Brinkmann, S. Steinigeweg, *Comparision of Two Alternative Routes to an Enantiomerically Pure β–Amino Acid*, Chem. Eng. Technol., **2010**, 33, 4, 629 - 637

[35] J. M. Encinar, J. F. González, A. Rodríguez-Reinares, *Biodiesel from Used Frying Oil. Variables Affecting the Yields and Characteristics of the Biodiesel*, Ind. Eng. Chem. Res., **2005**, 44, 5491 - 5499

[36] J. M. Encinar, J. F. González, J. J. Rodriguez, A. Tejedor, *Biodiesel from vegetable Oils: Transesterification of Cynara cardinculus L. Oils with Ethanol*, Energy Fuels, **2002**, 16, 443 - 450

[37] F. Endres, Ionic Liquids: *Solvents for the Electrodeposition of Metals and Semiconductors*, ChemPhysChem, **2002**, 3, 144 - 154

[38] T. Fahrenwaldt, *Organophile Nanofiltration zur Abtrennung von chininbasierten Organokatalysatoren*, **2013**, Universität Rostock

[39] Z. Fei, D. Zhao, T. J. Geldbach, R. Scopelliti, P. J. Dyson, *Brønsted Acidic Ionic Liquids and Their Zwitterions: Synthesis, Characterization and pk_a Determination*, Chem. Eur. J., **2004**, 10, 4886 – 4893

[40] S. Feil, *Ionische Flüssigkeiten*, ChiuZ, **2006**, 40, 190 - 293

[41] K. Fischer, U. Kragl, B. Ondruschka, *Technische Chemie 2000*, Nachr. Chem., **2001**, 49, 03, 382 – 386

[42] G. Fleischer, *Methode der Nutzengleichheit für den ökologischen Vergleich der Entsorgungswege für DSD - Altkunststoffe*. In: K.-J. Thomé – Kozmiensky, *Management der Kreislaufwirtschaft*, EF Verlag, Berlin, **1995**

[43] T. Frey, J. Stichlmair, *Thermodynamic Fundamentals of Reactive Distillation*, Chem. Eng. Technol., **1999**, 22, 1, 11 - 18

[44] R. Frischknecht, *ecoinvent Data v1.1(2004) From heterogeneous databases to unified and transparent LCI Data*, Int. J. LCA, **2005**, 10, 1, 1-2

[45] R. Frischknecht, G. Rebitzer, *The ecoinvent database system: a comprehensive web-based LCA database*, J. Clean. Prod., **2005**, 13, 1337 - 1343

[46] U. R. Fritsche, *KEA: mehr als eine Zahl – Basisdaten und Methoden zum Kumulierten Energieaufwand (KEA)*, Broschüre im Rahmen des UBA F&E Vorhabens Erarbeitung von Basisdaten zum Energieaufwand und der Umweltbelastung von energieintensiven Produkten und Dienstleistungen für Ökobilanzen und Öko – Audits, Berlin, **1999**

[47] H. Fukuda, A. Kondo, H. Noda, *Biodiesel Fuel Production by Transesterification of Oils*, J. Biosci. Bioeng, **2001**, 92, 5, 405 - 416

[48] S. T. Gillani, J. P. Belaud, C. Sablayrolles, M. Vignoles, J. M. LeLann, *Review of Life Cycle Assessment in Agro Chemical Processes, Chemical Product and Process Modeling*, Berkeley Electronic Press, **2010**, 5, 1, 33

[49] M. Goedkoop, M. Spriensma, *The Eco – Indicator99 – A damage oriented method for Life Cycle Impact Assessment, Methodology Report*. Ministerie van Volkshuisvesting, Ruimtelijke Ordening en Milieubeheer, Nr: 1999/36A, Pré Consultants, **2000**

[50] C. M. Gordon, *New Developments in catalysis using ionic liquids*, Applied Catalysis A. General, **2001**, 222, 101 – 117

[51] D. Grassinger, S. Salhofer, *Methoden zur Bewertung Abfallwirtschaftlicher Maßnahmen*, Wien, **1998**

[52] A. Große Böwing, A. Jess, P. Wasserscheid, *Kinetik und Reaktionstechnik der Synthese ionischer Flüssigkeiten*, Chem. Ing. Tech., **2005**, 77, 9, 1430 - 1439

[53] B. Gutsche, *Technologie der Methylesterherstellung – Anwendung für die Biodieselproduktion*, Fett/Lipid, **1997**, 99, 12, 418 – 427

[54] H. N. T. Ha, D. T. Duc, T. V. Dao, M. T. Lee, A. Riisager, R. Fehrmann, *Characterization and parametral study of Rh-TPPTS supported ionic liquid phase (SILP) catalysts for ethylene hydroformylation*, Catal. Comm., **2012**, 25, 136 - 141

[55] J. Hammerschmidt, S. Scholl, *Experimentelle Untersuchungen zum Einsatz von Drahtgestrickeinbauten und berippten Rohren in Naturumlaufverdampfern*, Chem. Ing. Tech., **2012**, 84, 11, 1939 - 1947

[56] S. Hayashi, H. Hamaguchi, *Discovery of a Magnetic Ionic Liquid [BMIM]FeCl*$_4$, Chem. Lett., **2004**, 33, 12, 1590 - 1591

[57] E. Heinzle, A. Biwer, C. Cooney, *Development of sustainable Bioprocesses,* Wiley, Chichester, **2006**

[58] Z. Helwani, M. R. Othman, N. Aziz, W. J. N. Fernando, J. Kim, *Technologies for production of biodiesel focusing on green catalytic techniques: A review*, Fuel Process. Technol., **2009**, 90, 1502 - 1514

[59] Z. Helwani, M. R. Othman, N. Aziz, J. Kim, W. J. N. Fernando, *Solid heterogeneous catalysts for transesterification of triglycerides with methanol: A review*, Applied Catalysis A: General, **2009**, 363, 1-10

[60] L. M. Hilty, C. Rautenstrauch, *Betriebliche Umweltinformationssysteme (BUIS) – eine Literaturanalyse*, Informatik Spektrum, **1997**, 20, 159 - 167

[61] S. K. Himmler, *Entwicklung und Optimierung von Verfahren zur technischen Herstellung ionischer Flüssigkeiten*, Dissertation, **2007**, Friedrich-Alexander-Universität Erlangen-Nürnberg

[62] S. Himmler, S. Hörmann, R. van Hal, P. S. Schulz, P. Wasserscheid, *Transesterification of methylsulfate and ethylsulfate ionic liquids – an environmentally benign way to synthesize long chain and functionalized alkylsulfate ionic liquids*, Green Chem., **2006**, 8, 887 - 894

[63] S. Himmler, S. Hörmann, K. Obert, P. Wasserscheid, *Reaktionstechnische Untersuchungen zur Umesterung der ionischen Flüssigkeit 1-Ethyl-3-methylimidazoliumethylsulfat. ([EMIM][EtOSO$_3$])*, Chem. Ing. Tech., **2007**, 79, 4, 421- 428

[64] R. S. Hiwale, N. V. Bhate, Y. S. Mahajan, S. M. Mahanani, *Industrial Applications of Reactive Distillation: Recent Trends*, International Journal of Chemical Reactor Engineering, Berkeley Electronic Press, **2004**, 2

[65] U. Hoffmann, K. Sundmacher, *Reaktivdestillation*, Chem. Ing. Tech., **1995**, 9, 1137 - 1138

[66] J. D. Holbrey, K. R. Seddon, *Ionic Liquids*, Clean Products and Processes 1, **1999**, 2, 223 - 236

[67] O. Jolliet, M. Margni, R. Charles, S. Humbert, J. Payet, G. Rebitzer, R. Rosenbaum, *IMPACT 2002+: A new Life Cycle Impact Assessment Methodology*, Int. J. LCA, **2003**, 8, 6, 324 - 330

[68] H.-Y. Ju, M. D. Manju, K.-H. Kim, S.-W. Park, D.-W. Park, *Chemical Fixation of carbon dioxide to dimethyl carbonate from propylene carbonate and methanol using ionic liquid catalysts*, Korean J. Chem. Eng., **2007**, 24, 5, 917 - 919

[69] G. Kaibel, C. Miller, T. Holtmann, H. Schoenmakers, *Reaktivdestillation*, Chem. Ing. Tech., **2005**, 77, 11, 1749 - 1758

[70] G. Kaibel, H.-H. Mayer, B. Seid, *Reaktionen in Destillationskolonnen*, Chem. Ing. Tech. **1978**, 50, 8, 586 - 592

[71] M. A. Kholiq, E. Heinzle, *Prozessmodellierung und Nachhaltigkeitsbewertung einer Ganzzellbiotransformation im zweiphasigen System ionische Flüssigkeit/Wasser*, Chem. Ing. Tech., **2006**, 78, 3, 307 - 316

[72] A. Kienzle, K. Sundmacher, A. Seidel-Morgenstern, *Zur Integration von Reaktion und Stofftrennung*, Chem. Ing. Tech. **2005**, 77, 9, 1417 - 1429

[73] A. A. Kiss, A. C. Dimian, G. Rothenburg, *Solid Acid Catalyst for Biodiesel Production – Towards Sustainable Energy*, Adv. Synth. Catal., **2006**, 348, 75 - 81

[74] A. A. Kiss, F. Omota, A. C.Dimian, G. Rothenberg, *The heterogeneous advantage: biodiesel by catalytic reactive distillation*, Topics in catalysis, **2006**, 40, 1-4, 141 - 150

[75] G. Koller, U. Fischer, K. Hungerbühler, *Assessing Safety, Health and Environment Impact Early during Process Development*, Ind. Eng. Chem. Res., **2000**, 39, 960 - 972

[76] Kolthoff, *Treatise on Analytical Chemistry*, Interscience Encyclopedia Inc., New York, **1959**

[77] W. Korth, *Zur Veresterung und Umesterung mit Ionischen Flüssigkeiten*, Dissertation **2003**, Rheinisch-Westfälische Technische Hochschule Aachen

[78] D. Kralisch, *Ökologische Nachhaltigkeit im Fokus der chemischen Forschung und Entwicklung*, Dissertation, Jena, **2006**

[79] D. Kralisch, G. Kreisel, *Assessment of the ecological potential of microreaction technology*, Chem. Eng. Sci., **2007**, 63, 1094 – 1100

[80] D. Kusdiana, S. Saka, *Effects of water on biodiesel fuel production by supercritical methanol treatment*, Bioresour. Technol., **2004**, 91, 289 - 295

[81] A. A. M. Lapis, L. F. de Oliveira, B. A. D. Neto, J. Dupont, *Ionic Liquid Supported Acid/Base Catalyzed Production of Biodiesel*, ChemSusChem, **2008**, 1, 759 - 762

[82] S. H. Lee, S. H. Ha, S. S. Ha, H. B. Jin. C. Y. You, Y. M. Koo, *Magnetic Behaviour of mixture of magnetic ionic liquid [BMIM]FeCl$_4$ and water*, J. Appl. Phys., **2007**, 101, 09J102

[83] D. Li, H. Zang, C. Wu, N. Yu, *1-Methylimidazoliumhydrogensulfate catalyzed convenient synthesis of 2,5-dimethyl-N-substituted pyrroles under ultrasonic irradiation*, Ultrason. Sonochem., **2013**, 20, 1144 - 1148

[84] Q. Li, J. Zhang, Z. Lei, J. Zhu, X. Huang, *Selection of Ionic Liquids as Entrainers for the Separation of Ethyl Acetate and Ethanol*, Ind. Eng. Chem. Res., **2009**, 48, 19, 9006 – 9012

[85] K. Lichtenvort, Systemrelevante Änderungen von Flussmengen in der Ökobilanzierung, Berlin, **2004**

[86] D. J. Liu, E. Y. X. Chen, Polymeric ionic-liquid (PIL) supported recyclable catalysts for biomass conversion into HMF, Biomass. Bioenerg. **2013**, 48, 181 - 190

[87] B. Lohe, B. Bessling, H. Schoenmakers, S. Scholl, H. Staatz, *CAPE in der Praxis. Möglicheiten und Grenzen aus Nutzersicht*, Chem. Ing. Tech. **1999**, 71, 4, 323 - 327

[88] S. Lundie, *Ökobilanzierung und Entscheidungstheorie – Praxisorientierte Produktbewertung auf der Basis gesellschaftlicher Werterhaltung*, Springer Verlag, Berlin, Heidelberg, **1999**

[89] S. E. Lyubimov, V. A. Davankov, K. N. Gavrilov, *The use of an ionic liquid in asymmetric allylic amination*, Tetrahedron Lett., **2006**, 47, 2721 - 2723

[90] M. Maase, *Erstes technisches Verfahren mit ionischen Flüssigkeiten*, ChiuZ, **2004**, 38, 434 - 436

[91] A. T. Madsen, H. Søndergaard, R. Fehrmann, A. Riisager, *Challenges and Perspectives for catalysis in production of diesel from biomass*, Biofuels, **2011**, 2, 4, 465 - 483

[92] S. V. Mainkar, P. S. Mene, *Ternary Vapour-Liquid-Equilibrium Data System Ethyl Acetate-Ethanol-n Butanol*, Indian Chem. Eng., **1965**, 47 - 52

[93] J. M. Marchetti, V. U. Miguel, A. F. Errazu, *Possible Methods for Biodiesel production,* Renewable Sustainable Energy Rev., **2007**, 11, 1300 - 1311

[94] C. P. Mehnert, *Supported Ionic Liquid Catalysis*, Chem. Eur. J., **2005**, 11, 50 – 56

[95] A. Möller, A. Rolf, *Methodische Ansätze zur Erstellung von Stoffstromanalysen*. In: M. Schmidt, A. Schorb, *Stoffstromanalysen in Ökobilanzen und Öko Audits*, Springer Verlag, Berlin, Heidelberg, New York, **1995**

[96] A. Niederl-Schmidinger, M. Narodoslawsky, *Life Cycle Assessment as an engineer's tool*, J. Cleaner Prod., **2008**, 16, 245 - 252

[97] M. Papp, R. Skoda-Földes, *Phosphine-free double carbonylation of iodobenzene in the presence of reusable supported palladium catalysts*, J. Mol. Chem. A: Chemical, **2013**, 378, 193 - 199

[98] Y. U. Paulechka, A. G. Kabo, A. V. Blokhin, G. J. Kabo, M. P. Shevelyova, *Heat Capacity of Ionic Liquids: Experimental Determination and correlations with Molar Volume*, J. Chem. Eng. Data, **2010**, 55, 2719 - 2724

[99] F. Ponzen, *Continuous liquid-liquid biphasic catalysis with ionic liquids. Process development, characterization and optimization*, Dissertation, RWTH Aachen, **2011**

[100] O. Prituzhalova, *Analyse des Lebenszyklus einer Verpackung anhand der Ökobilanz*, Lüneburg, **2005**

[101] D. Reinhardt, F. Ilgen, D. Kralisch, B. König, G. Kreisel, *Evaluating the greenness of alternative reaction media*, Green Chem, **2008**, 10, 1170 - 1181

[102] A. Renken, V. Hessel, P. Löb, R. Miszczuk, M. Uerdingen, L. Kiwi-Minsker, *Ionic Liquid synthesis for process intensification*, Chem. Eng. Process., **2007**, 46. 840 - 845

[103] R. Rinaldi, F. Schüth, *Acid Hydrolysis of Cellulose as the Entry Point into Biorefinery Schemes*, ChemSusChem, **2009**, 2, 12, 1096 – 1107

[104] M. Sakuth, D. Reusch, R. Janowsky, *Reactive Distillation*, Ullmann's Encyclopedia of Industrial Chemistry, **2008**, Wiley-VCH. Weinheim

[105] L. Schebek, K.-R. Bräutigam, *Von der Wiege bis zur Bahre – Eine Einführung in den Schwerpunkt „Lebenszyklusanalysen in der Nachhaltigkeitsbewertung"*, Technikfolgenabschätzung – Theorie und Praxis, **2007** , 3, 4-9

[106] M. Schmidt, A. Häuslein, *Ökobilanzierung mit Computerunterstützung – Produktbilanzen und betriebliche Bilanzen mit dem Programm Umberto®*, Springer Verlag, Berlin, Heidelberg, New York, **1996**

[107] J. Schmidt, D. Reusch, K. Elgeti, R. Schomäcker, *Kinetik der Umesterung von Ethanol und Butylacetat – Ein Modellsystem für die Reaktivrektifikation*, Chem. Ing. Tech., **1999**, 71, 7, 704 - 708

[108] M. J. Schneider, M. Lijenski, R. Woelfel, M. Haumann, P. Wasserscheid, *Continuous Gas-Phase Hydroaminomethylation using Supported Ionic Liquid Phase Catalysts*, **2013**, 52, 6996 - 6999

[109] S. Scholl, F. Brahim, *Intensification of fluiddynamic and thermal performance of thermosyphon reboilers*, Appl. Therm. Eng., **2005**, 25,2615 - 2629

[110] S. Scholl, M. Rinner, *Verdampfung und Kondensation*, In: R. Goedecke (Hrsg.), *Fluidverfahrenstechnik*, Wiley VCH, Weinheim, **2006**

[111] M. Seiler, C. Jork, A. Kavarnou, W. Arlt, R. Hirsch, *Separation of Azeotropic Mixtures Using Hyperbranched Polymers or Ionic Liquids*, AIChE Journal, **2004**, 50, 10, 2439 – 2454

[113] M. Seller, C. Jork, A. Kavarnou, W. Arlt, R. Hirsch, *Separation of Azeotropic Mixtures Using Hyperbranched Polymers or Ionic Liquids*, AIChE Journal, **2004**, 50, 10, 2439 - 2454

[114] S. Shah, A Hierarchical Approach for Assessment of Principal Hazards in Early Stages of Chemical Process Design, Dissertation, **2004,** ETH Zürich

[115] S. Shah, S. Sharma, M. N. Gupta, *Biodiesel Preparation by Lipase Catalyzed Transesterification of Jatropha Oil*, Energy & Fuels, **2004**, 18, 154 - 159

[116] R. Sheldon, *Catalytic reactions in ionic liquids*, Chem. Commun., **2001**, 2399 - 2407

[117] B. A. D. Neto, M. B. Alves, A. A. M. Lapis, F. M. Nachtigall, M. N. Eberlin, J. Dupont, P. A. Z. Suarez, *1-n-Butyl-3-methylimidazolium tetrachloroindate BMIM-InCl$_4$ as a media for the synthesis of biodiesel from vegetable oils*, J. Catal., **2007**, 249, 154 - 161

[118] A. Sivasamy, K. Y. Cheah, P. Fornasiero, F. Kemausuor, S. Zinoviev, S. Miertus, *Catalytic Applications in the Production of Biodiesel from Vegetable Oils*, ChemSusChem, **2009**, 2, 278-300

[119] B. Stahl, *Methodenvergleich und Methodenentwicklung* zur Lösung der Bewertungsproblematik in produktbezogenen Ökobilanzen, Bremen, **1998**

[120] S. Steinigeweg, J. Gmehling, *n-Butyl Acetate Synthesis via Reactive Distillation: Thermodynamic Aspects, Reaction Kinetics, Pilot Plant Experiments and Simulations Studies*, Ind. Eng. Chem. Res., **2002**, 41, 5483 - 5490

[121] S. Steinigeweg, J. Gmehling, *Transesterification processes by combination of reactive distillation and pervaporation*, Chem. Eng. Process., **2003**, 43, 447 - 456

[122] J. Stichlmair, T. Frey, *Reactive Distillation Processes*, Chem. Eng. Technol., **1999**, 22, 2, 95 - 103

[123] J. Stichlmair, T. Frey, *Prozesse der Reaktivdestillation*, Chem. Ing. Tech., **1998**, 70, 12, 1507 - 1516

[124] T. Strassner, *Umfrage zur aktuellen Bedeutung von ionischen Flüssigkeiten*, Umfrage im Rahmen des ForMaT (BMBF) Projektes Tunable Ionic Liquids – Trennprozesse, Löseverfahren in Elektrochemie in neuen Ionischen Flüssigkeiten, TU Dresden **2009**

[125] K. Sundmacher, M. Ivanova, *Moderne Trenn- und Reaktionstechniken, Die Reaktivdestillation*, ChiuZ, **2003**, 37, 268 - 278

[126] R. Sugimura, K. Qiao, D. Tomida, C. Yokohama, *Immobilization of acidic ionic liquids by copolymerization with styrene and their catalytic use for acetal formation*, Catal. Commun., **2007**, 8, 770 - 772

[127] M. Tischmeyer, *Messung und Berechnung von Phasengleichgewichten reaktiver Systeme*, Dissertation, **2004**, Friedrich-Alexander-Universität Erlangen-Nürnberg

[128] H. Tokuda, S. Tsuzuki, Md. A. Bin Hasan Susan, K. Hayamizu, M. Watanabe, *How Ionic are Room – Temperature Ionic Liquids ? An Indicator of the Physicochemical Properties*, J. Phys. Chem., **2006**, 110, 19593 - 19600

[129] E. Tucek, H.-D. Duise, *Zur Kinetik der Umesterung von Dimethylterephtalat mit Butandiol – 1,4*, Acta Polym., **1980**, 31, 7, 429 - 433

[130] Umweltbundesamt, *Entwicklung der spezifischen Kohlendioxid – Emissionen des deutschen Strommix 1990 – 2008 und erste Schätzung 2009*, Umweltbundesamt, FG I 2.5, Stand: März: **2010**

[131] VDI 4600, *Kumulierter Energieaufwand, Begriffe, Definitionen, Berechnungsmethoden*, Berlin, Beuth, **1997**

[132] *VDI Wärmeatlas*, 10. Auflage, Springer Verlag, Berlin, **2006**

[133] K. P. C. Vollhardt, N. E. Schore, *Organische Chemie*, Wiley-VCH, Weinheim, **2009**

[134] A. Wandschneider, *Grenzflächenspannungen und Diffusion von ionischen Flüssigkeiten und ihren binären Mischungen*, Dissertation, **2008**, Universität Rostock

[135] S. J. Wang, H. P. Huang, C. C. Yu, *Plantwide Design of Transesterification Reactive Distillation to Co Generate Ethyl Acetate and n-Butanol*, Ind. Eng. Chem. Res., **2010**, 49, 750 - 760

[136] S. J. Wang, D. S. H. Wong, S. W. Yu, *Design and control of transesterification reactive distillation with thermal coupling*, Comput. Chem. Eng., **2008**, 32, 3030 - 3037

[137] P. Wasserscheid, *Innovative Lösungsmittel für die Zweiphasenkatalyse. Ionische Flüssigkeiten*, ChiuZ, **2003**, 52 - 63

[138] P. Wasserscheid, *Continuous Reactions Using Ionic Liquids as Catalytic Phase*, J. Ind. Eng. Chem., ***2007***, 13, 3, 325 - 338

[139] P. Wasserscheid, M. Haumann, *Catalyst Recycling Using Ionic Liquids*, In: D. J. Cole-Hamilton, R. P. Tooze, *Catalyst Separation, Recovery and Recycling, Chemistry and Process Design*, Springer, Berlin, Heidelberg, New York, **2008**

[140] P. Wasserscheid, W. Keim, *Ionische Flüssigkeiten, neue „Lösungen" für die Übergangsmetallkatalyse*, Angewandte Chemie, **2000**, 112, 3926 - 3945

[141] D. Weckesser, A. König, *Ionische Flüssigkeiten – Analyse mittels Ionenchromatographie*, GIT Laborfachzeitschrift 06/**2006**, Darmstadt 546 - 549

[142] D. Weckesser, A. König, *Ionische Flüssigkeiten – Anionen – Analytik mittels Ionenchromatographie*, GIT Labor Fachzeitschrift, 01/**2007**, Darmstadt, 19 - 22

[143] T. Welton, *Room Temperature Ionic Liquids. Solvents for Synthesis and Catalysis*, Chem. Rev., **1999**, 99, 2071 - 2083

[144] T. Welton, *Ionic Liquids in catalysis*, Coord. Chem. Rev., **2004**, 248, 2459 - 2477

[145] T. Welton, P. Wasserscheid, *Ionic Liquids in Synthesis*, Wiley-VCH, Weinheim, **2008**

[146] N. Wellner, K. Siebeneck, M. Ramunno, P. Wasserscheid, S. Scholl, *Entwässerung Ionischer Flüssigkeiten in einem Fallfilmverdampfer*, Chem. Ing. Tech., **2011**, 83, 9, 1493 – 1501

[147] C. Wörner, G. Dold, *Einordnung, Aufbau und Grenzen von Ökobilanzen.* In: *Aspekte der Ökobilanzierung - Ansprüche, Ziele und Computerunterstützung*, Deutscher Universitätsverlag, Wiesbaden, **1996**

[148] G. Wytze Meindesma, M. Maase, A. B. Detlaan, *Ionic Liquids, Ullmann's Encyclopedia of Industrial Chemistry*, Wiley-VCH, Weinheim, **2007**

[149] H. Xing, T. Wang, Z. Zhou, Y. Dai, *Novel Brønsted Acidic Ionic Liquids for Esterifications*, Ind. Eng. Chem. Res., **2005**, 44, 4147 - 4150

[150] J. M. Xu, C. Qian, B. K. Liu, Q. Wu, X. F. Lin, *A fast and highly efficient protocol for Michael addition in N-heterocycles to α,β-unsaturated*

compound using basic ionic liquid [BMIM]OH as catalyst and green solvent, Tetrahedron Lett., **2007**, 63, 986 - 990

[151] P. Xu, B. Yu, F. L. Li, X. F. Cai, C. Q. Ma, *Microbial degradation of sulfur, nitrogen and oxygen heterocycles,* Trends in microbiology, **2006**, 14, 9, 398 - 405

[152] M. Yoshizawa-Fujita, K. Johansson, P. Newman, D. R. MacFarlane, M. Forsyth, *Novel Lewis-base ionic liquids replacing typical anions*, Tetrahedron Lett., **2006**, 47, 2755 – 2758

[153] Y. Zhang, B. R. Bakshi, E. S. Demessie, *Life Cycle Assessment of an Ionic Liquid versus Molecular Solvents and Their Applications*, Environ. Sci. Technol., **2008**, 42, 1724 - 1730

[154] J. Zhao, C. X. Li, Z. H. Wang, *Vapor Pressure Measurement and Prediction for Ethanol+Methanol ans Ethanol+Water Systems Containing Ionic Liquids*, J. Chem. Eng. Data, **2006**, 51, 1755 - 1760

[155] D. Zhao, Y. Liao, Z. Zhang, *Toxicity of Ionic Liquids*, Clean, **2007**, 35, 1, 42 - 48

[156] D. Zhao, M. Wu, Y. Kou, E. Min, *Ionic Liquids: applications in catalysis*, Catal. Today, **2002**, 74, 172 - 189

[157] H. P. Zhu, F. Yang, J. Tang, M. Y. He, *Brønsted acidic ionic liquid 1-Methylimidazoliumtetrafluoroborate: a green catalyst and recyclable medium for esterification*, Green Chem., **2003**, 5, 38 – 39

[158] E. G. Zimmermann, S. Thurow, C. S. Freitas, S. R. Mendes, G. Perin, D. Alves, R. G. Jacob, E. J. Lenardão, *A Selenium-Based Ionic Liquid as a recyclable Solvent for the Catalyst-free Synthesis of 3-Selenylindoles*, Molecules, **2013**, 18, 4081 - 4090

Folgende Zeitschriftenartikel wurden im Rahmen der Forschungsarbeiten erstellt:

[159] J. C. Kuschnerow, M. Wesche, S. Scholl, *Ökobilanzielle Bewertung des Einsatzes rezyklierter ionischer Flüssigkeiten als Umesterungskatalysatoren*, Chem. Ing. Tech., **2011**, 83, 10, 1582 - 1589

[160] J. C. Kuschnerow, K. Titze-Frech, P. Wasserscheid, S. Scholl, *Continuous Transesterification with acidic Ionic Liquids as Homogeneous Catalysts*, Chem. Eng. Tech., **2013**, 36, 10, 1643 - 1650

Folgende Konferenzbeiträge wurden im Rahmen der Forschungsarbeiten erstellt:

[161] J. C. Kuschnerow, P. Wasserscheid, S. Scholl, *Einsatz Ionischer Flüssigkeiten in der Reaktivdestillation am Beispiel der säurekatalysierten Umesterung*, Poster, ProcessNet Jahrestagung Karlsruhe **2008,** Proceedings: Chemie Ingenieur Technik**, 2008,** 80, 9, 1388 – 1389

[162] J. C. Kuschnerow, P. Wasserscheid, S. Scholl, *Homogeneous Reactive Distillation using Acidic Ionic Liquids*, Vortrag, ACHEMA**, 2009**

[163] J. C. Kuschnerow, P. Wasserscheid, S. Scholl, *Ionische Flüssigkeiten als rezyklierbare, homogene Katalysatoren am Beispiel einer Umesterung*, Poster, GDCh Wissenschaftsforum Chemie **2009** Proceedings: 978-3-936028-59-1

[164] J. C. Kuschnerow, M. Wesche, S. Scholl, *Introduction of ionic liquids as homogeneous catalyst for the transesterification – an eco balance analysis*, Poster, EUCHEM **2010**

[165] J. C. Kuschnerow, K. Titze-Frech, P. Wasserscheid, S. Scholl, *Untersuchungen der homogen katalysierten Umesterung in einem scale-up fähigen Miniplant - Naturumlaufverdampfer*, Poster, Jahrestreffen der ProcessNet-Fachausschüsse Extraktion, Fluidverfahrenstechnik, Mehrphasenströmungen und Phytoextrakte – Produkte und Prozesse, Fulda, **2011**

[166] J. C. Kuschnerow, K. Titze-Frech, P. Wasserscheid, S. Scholl, *Application of Ionic Liquids as homogeneous catalyst for the transesterification in miniplant scale*, Poster, 44. Jahrestreffen Deutscher Katalytiker und Jahrestreffen Reaktionstechnik, Weimar, **2011**

[167] K. Titze-Frech, J. C. Kuschnerow, P. Schulz, S. Scholl, P. Wasserscheid, *Transesterification in novel Brönsted acidic ionic liquids for biofuel production*, Poster, 44. Jahrestreffen Deutscher Katalytiker und Jahrestreffen Reaktionstechnik, Weimar, **2011**

[168] K. Titze-Frech, J. C. Kuschnerow, P. S. Schulz, S. Scholl, P. Wasserscheid, Transesterification reactions using novel Brønsted acidic ionic liquids, Poster, Jungchemikerforum – Frühjahrssymposium, Erlangen **2011**

[169] L. Grundemann, J. C. Kuschnerow, T. Brinkmann, S. Scholl, *Application of ecological evaluation methods in early chemical process development*, Vortrag, 18th CIRP Conference on Life Cycle Engineering, Braunschweig **2011**
Proceedings:
L. Grundemann, J. Kuschnerow, T. Brinkmann, S. Scholl, *Using ecological assessment during the conceptual design phase of chemical processes – a case study,* in: Hesselbach, J., Herrmann, C. (Hrsg.): *Glocalized Solutions for Sustainability in Manufacturing*, Proceedings of the 18th CIRP International Conference on Life Cycle Engineering, Braunschweig, Springer Berlin / Heidelberg, **2011**, ISBN 978-3-642-19692-8: 617-622

[170] M. Wesche, J. C. Kuschnerow, S. Scholl, *Introduction of Ionic Liquids as a new catalyst in the homogeneous catalysed transesterification – Handling uncertainty during ecobalancing*, Vortrag, 16. Umberto User Workshop, Berlin, **2011**

[171] J. C. Kuschnerow, *Anwendung ökonomischer Bewertungsmethoden in der Verfahrensentwicklung*, Poster, GDCh Wissenschaftsforum Chemie, Bremen, **2011**

[172] J. C. Kuschnerow, K. Titze-Frech, P. Wasserscheid, S. Scholl, *Ionische Flüssigkeiten als Umesterungskatalysatoren – Batch und kontinuierlicher Betrieb im scale-up fähigen Miniplantreaktor*, Poster, GDCh Wissenschaftsforum Chemie, Bremen, **2011**

[173] J. C. Kuschnerow, K. Titze-Frech, P. Wasserscheid, S. Scholl, *Miniplant studies of the use of acidic ionic liquids as recyclable catalyst for transesterification*, Vortrag, 8th European Congress of Chemical Engineering together with ProcessNet-Annual Meeting, Berlin **2011**

[174] K.Titze-Frech, J. C. Kuschnerow, P. S. Schulz, S. Scholl, P. Wasserscheid, *Novel Bronsted acidic ionic liquids as homogeneous catalyst for transesterification reactions*, Poster, 8th European Congress of Chemical Engineering together with ProcessNet-Annual Meeting, Berlin **2011**

Folgende studentische Arbeiten wurden im Rahmen der Forschungsarbeiten erstellt:

[175] C. Bradtmöller, *„Flüssiges Salz – Ein chemischer Zauberkasten und seine Möglichkeiten"*, Seminarvortrag, TU Braunschweig, **2009**

[176] K. Ahlbrecht, *„Designer Solvents" – Flüssiges Salz, ein alleskönnendes Lösungsmittel ?*, Seminarvortrag, TU Braunschweig, **2010**

[177] D. Radtke, *Multitasking in der Prozessstufe – Hybridverfahren*, Seminarvortrag, TU Braunschweig, **2010**

[178] I. Ziemer, *Alles im grünen Bereich? - Bewertungen ökologischer Auswirkungen verfahrenstechnischer Prozesse*, Seminarvortrag, TU Braunschweig, **2012**

[179] M. Manz, *Ionische Flüssigkeiten – Die etwas anderen Salze*, Seminarvortrag, TU Braunschweig, **2012**

[180] M. Musiot, *Multitasking in der Verfahrenstechnik – Hybridverfahren*, Seminarvortrag, TU Braunschweig, **2012**

[181] A. L. Dierking, *Es grünt so grün – Ökologische Bewertungen in der Verfahrenstechnik*, Seminarvortrag, TU Braunschweig, **2012**

[182] M. Wesche, *Ökobilanzierung am Beispiel einer Katalysatorumstellung für eine Umesterung, Bachelorarbeit*, TU Braunschweig **2009**

[183] D. Radtke, *Reaktivrektifikation am Beispiel der Umesterungsreaktion mit alternativem Katalysatorsystem*, Diplomarbeit, TU Braunschweig, **2010**

[184] C. Mbiti, *Einsatz einer Reaktivdestillation in der Umesterung – Potenziale und Herausforderungen, Studienarbeit*, TU Braunschweig, **2010**

11. Lebenslauf

Name:	Jan Christopher Kuschnerow
Geburtstag/-ort:	26.01.1984 / Soltau
Lebensstand:	ledig

Ausbildung:

08/2000 – 06/2003:	Gymnasium Warstade, Hemmoor; Abitur
10/2003 – 09/2007:	Studium der Chemie an der Technischen Universität Braunschweig, Diplom Chemiker (Dipl.-Chem.)
03/2010 – 09/2011:	Weiterbildung zum Geprüften Projektmanager Wirtschaftschemie (GDCh), Münster
06/2011 – 10/2011:	Weiterbildung zum China Manager (IHK), Nürnberg

Berufstätigkeit:

11/2007 – 12/2013:	Institut für Chemische und Thermische Verfahrenstechnik, TU Braunschweig, Wissenschaftlicher Mitarbeiter

Ehrenamtliche Tätigkeiten:

11/2007 – 12/2012:	Korrespondierendes Mitglied der ExperimentalRaumfahrt – InteressenGemeinschaft e.V.
02/2008 – 10/2013:	Mitglied der kreativen jungen Verfahrensingenieure („kjVIs“)
seit 11/2010:	Mitglied in der ProcessNET Fachgruppe „Aus- und Fortbildung in der Verfahrenstechnik“

Braunschweig, Oktober 2013